普通高等院校建筑专业"十三五"规划精品教材

古建筑设计

（第二版）

Ancient Architecture Design

丛书审定委员会

何镜堂　仲德崑　张　颀　李保峰

赵万民　李书才　韩冬青　张军民

魏春雨　徐　雷　宋　昆

本书主审　路秉杰

本书主编　柳　肃

本书副主编　李晓峰　曹春平

本书编写委员会

柳　肃　李晓峰　曹春平　苗　欣

万　谦　范向光　邓　广　胡彬彬

华中科技大学出版社

中国·武汉

图书在版编目(CIP)数据

古建筑设计/柳肃主编. —2 版. —武汉:华中科技大学出版社,2018.6(2024.8 重印)
普通高等院校建筑专业"十三五"规划精品教材
ISBN 978-7-5680-3349-7

Ⅰ.①古… Ⅱ.①柳… Ⅲ.①古建筑-建筑设计-中国-高等学校-教材 Ⅳ.①TU2

中国版本图书馆 CIP 数据核字(2017)第 219367 号

古建筑设计(第二版)   柳 肃 主编
Gu Jianzhu Sheji(Di-er Ban)

责任编辑:叶向荣
封面设计:张 璐
责任校对:刘 竣
责任监印:朱 玢
出版发行:华中科技大学出版社(中国·武汉)   电话:(027)81321913
　　　　　武汉市东湖新技术开发区华工科技园   邮编:430223
录　　排:华中科技大学惠友文印中心
印　　刷:武汉邮科印务有限公司
开　　本:850mm×1065mm　1/16
印　　张:17
字　　数:357 千字
印　　次:2024 年 8 月第 2 版第 7 次印刷
定　　价:58.00 元

内 容 提 要

　　本书第一版是国内第一部古建筑设计方面的专业教材。书中从设计的角度论述了中国古建筑的功能类型和建筑风格的选择、古建筑设计的技术经济和生态问题。详细介绍了古建筑的平面布局、立面造型、结构和构造的设计，以及古建筑的装饰设计和环境设计，并同时介绍了各个历史时期的不同特点，以便于学习者在实践中根据不同的要求去灵活把握。全书最后部分介绍了 7 个有代表性的古建筑设计实例，选择对象包括殿堂、楼阁、园林建筑、塔、亭等不同建筑式样和类型，同时也注意到了传统的木结构和现代钢筋混凝土结构、钢结构的典型实例，具有很高的实用参考价值。此书可用作大专院校建筑学专业教材，也可作为设计单位、文物保护部门和建设工程技术人员的参考书。

普通高等院校建筑专业"十三五"规划精品教材

总　　序

　　《管子》一书中《权修》篇中有这样一段话:"一年之计,莫如树谷;十年之计,莫如树木;百年之计,莫如树人。一树一获者,谷也;一树十获者,木也;一树百获者,人也。"这是管仲为富国强兵而重视培养人才的名言。

　　"十年树木,百年树人"即源于此。它的意思是说,培养人才是国家的百年大计,既十分重要,又不是短期内可以奏效的事。"百年树人"并不是非得 100 年才能培养出人才,而是比喻培养人才的远大意义,要重视这方面的工作,并且要预先规划,长期、不间断地进行。

　　当前我国建筑业发展形势迅猛,急缺大量的建筑建工类应用型人才。全国各地建筑类学校以及设有建筑规划专业的学校众多,但能够做到既符合当前改革形势又适用于目前教学形式的优秀教材却很少。针对这种现状,亟需推出一系列切合当前教育改革需要的高质量优秀专业教材,以推动应用型本科教育办学体制和运作机制的改革,提高教育的整体水平,并且有助于加快改进应用型本科办学模式、课程体系和教学方法,形成具有多元化特色的教育体系。

　　这套系列教材整体导向正确,科学精练,编排合理,指导性、学术性、实用性和可读性强。符合学校、学科的课程设置要求。以建筑学科专业指导委员会的专业培养目标为依据,注重教材的科学性、实用性、普适性,尽量满足同类专业院校的需求。教材内容大力补充新知识、新技能、新工艺、新成果。注意理论教学与实践教学的搭配比例,结合目前教学课时减少的趋势适当调整了篇幅。根据教学大纲、学时、教学内容的要求,突出重点、难点,体现建设"立体化"精品教材的宗旨。

　　以发展社会主义教育事业,振兴建筑类高等院校教育教学改革,促进建筑类高校教育教学质量的提高为己任,为发展我国高等建筑教育的理论、思想,对办学方针、体制,教育教学内容改革等进行了广泛深入的探讨,以提出新的理论、观点和主张。希望这套教材能够真实的体现我们的初衷,真正能够成为精品教材,受到大家的认可。

中国工程院院士

前　　言

　　中国古代建筑在数千年的历史发展过程中形成了完备的造型式样、风格特征和结构体系，成为以木结构为主的东亚建筑体系的典型代表。

　　在现代经济与文化快速发展的今天，不论是出于对传统文化的继承延续还是出于对历史文化遗产的保护，我们都不能让中国的古建筑在地球上消失。为此，让更多的人更深入地了解中国古建筑，了解它的建筑式样和风格特征，了解它的结构形式和具体做法，以便能够很好地修复和保护它们，并在必要的时候复制和复原它们，就成了我们中国古建筑研究者的历史责任。

　　在中国古代，由于历史的原因，建筑术只是作为工匠阶层的经验知识而口传心授，没有一门拥有完整科学体系的建筑学。前辈大师梁思成、刘敦桢等先生们在战乱的、困难的年代里进行的艰苦研究，为我们厘清了中国古建筑庞杂而散乱的体系。中华人民共和国成立以后的一段时间，虽然进入了和平年代，但是由于经济落后和连年的政治运动，致使中国在历史建筑和文化遗产的保护工作方面起步很晚。

　　今天，随着社会经济的迅速发展和大规模的开发建设，许多有历史价值的古建筑的修复和保护成了迫在眉睫的紧迫任务。同时，随着各地旅游事业的发展，风景名胜区的建设以及与之相关的古建筑修复保护、重建、仿造，都需要真正的、科学的古建筑设计。然而我国由大专院校培养的专业的古建筑设计人才非常少，远远满足不了社会的需要。而且，到目前为止我国有建筑学专业的院校开设古建筑设计课程的也不太多，关于古建筑设计的教材到目前为止还没有。这一切都说明了编写这本教材的必要性和紧迫性。2006年湖南大学建筑学院、华中科技大学建筑与城市规划学院、厦门大学建筑系的部分教师开始编写《古建筑设计》。通过两年多的努力，经过数轮审核修改，最终完稿。具体承担编写任务的学校和人员如下：

绪　论：柳肃（湖南大学）

第1章：柳肃、苗欣（湖南大学）

第2章：柳肃（湖南大学）

第3章：李晓峰、万谦（华中科技大学）

第4章：李晓峰、范向光（华中科技大学）

第5章：柳肃、邓广（湖南大学）

第6章：曹春平（厦门大学）

第7章：柳肃、胡彬彬（湖南大学）

第8章：曹春平（厦门大学）

本书由同济大学建筑与城市规划学院路秉杰教授主审。

　　此书的出版,充实了过去建筑教育中一个被忽视了的领域。但是由于这是第一次编写古建筑设计的教材,不免会有疏忽、缺漏,甚至错误之处的存在。若能在今后同行们的教学实践中发现并指出,无疑是我们建筑教育的幸事。此书仅仅是一个开始,古建筑设计这一既有学术性又有实践性的学科领域,其教学水平的提高和发展还需要靠所有同行们的共同努力。

柳　肃

2008 年 10 月

目　　录

0　绪　　论

0.1　学习古建筑设计的目的和意义

古建筑设计的内涵包括两个方面：① 真正的古建筑，包括文物建筑和古代遗留下来的有文化特征的历史建筑的保护、修复、复建、重建的设计。② 旅游文化性的风景园林建筑和出自商业及文化目的的仿古建筑设计。

中国古代建筑在世界建筑发展史上独树一帜，是以木构为特点的东方建筑体系的代表。在数千年的历史发展中，取得了很高的技术和艺术成就。中国的古建筑是一份值得永久保存的文化遗产，不仅现存的历史遗产（文物古建筑）应该保存，现代社会中，在一定条件下有价值的仿古建筑也是值得发扬的。

在社会经济和文化飞速发展的今天，对古代历史文化遗产的保护和继承日益重要，也越来越受到全社会的重视。在这样的社会条件下，古建筑设计成为一个社会急需的重要行业。但是在今天的建筑学专业本科教育中，系统的古建筑设计方面的教学尚未完善。古建筑设计领域内的专业人才远不能满足社会的需求。

0.2　中国古建筑的基本特点

中国古代建筑作为东方建筑体系的代表，很早就形成了自己的特点，概括起来有如下几方面。

1. 材料和结构特点

中国古代建筑以木为主，结合土、砖、石等作为主要建筑材料，结合地理条件，就地取材、因地制宜。因此在结构形式上主要有木结构、混合结构（砖木结构、土木结构、石木结构），也有少量不用木材的纯砖石结构，如桥梁、陵墓地宫、无梁殿等。还有纯粹的生土结构，例如西北的窑洞。

北方平原地区多用木、土、砖混合结构，南方丘陵地区多用木、砖、石混合结构。盛产木材的地区有的用全木结构。黄土高原地区有纯土结构的生土建筑——窑洞。

结构形式主要有抬梁式、穿斗式等（参见第5章）。

2. 平面布局的特点

中国传统建筑的平面布局最主要的特点就是庭院组合。其组合方式是由若干单栋建筑组合成庭院，再由若干个庭院组成建筑群。中国传统建筑中除了风景园林中的亭阁以外就几乎再没有别的独立单栋建筑，全都是群体的组合。宫殿、衙署、坛庙、寺观、园林、民居、祠堂、会馆等无一不是由庭院和建筑群组成。群体的组合方式一般都是沿中轴线向纵深发展,左右对称。大型的建筑群往往有几条轴线并列,因此常出现三殿并列的布局。庭院和建筑群的组合是中国建筑最重要的特点之一,也是中国建筑和西方建筑最重要的区别。西方建筑是单体独立,讲究立面造型;中国建筑是群体组合,个体造型特点不突出。在庭院和建筑群的组合方面,中国建筑取得了很高的成就。

3. 建筑造型的特点

中国古建筑的造型特点是比较固定的、程式化的,简单概括就是:三段式、大屋顶。所谓三段式,即单体建筑都由屋顶、屋身、台基三部分构成,大屋顶有庑殿、歇山、悬山、硬山、攒尖、卷棚、盝顶、盔顶等各种不同的式样。中国建筑的造型主要就由这些不同的屋顶式样构成,不仅仅是造型,建筑的风格也主要是由这些不同屋顶式样决定的。另外还有一些具有地域特色的特殊屋顶造型,例如山西、陕西的单坡,东北的囤顶等。

4. 制度化的特点

中国古代以礼治国,礼制是国家政治制度的基础。礼制中有很多与建筑相关的制度,其中最重要的是等级制度。所谓建筑等级制度,就是按照建筑使用者的社会地位将建筑分成不同级别,皇帝、王公贵族、朝廷大臣、平民百姓等,什么人享受什么样的建筑。等级制度在建筑上表现在很多方面,例如屋顶式样,其等级从高到低依次为:庑殿—歇山—悬山—硬山;建筑规模(开间数)从高到低是:九间(明朝发展到十一间)—七间—五间—三间;建筑色彩从高到低为:黄—红—绿—蓝;装饰彩画由高到低分别为:和玺彩画—旋子彩画—苏式彩画。此外还有如斗拱的大小、数量,屋顶走兽的数量,台基和踏步的式样,大门门钉的路数等。这些建筑等级制度是治理国家的礼制的一部分,具有法律的效应,违规者要受到严惩,甚至招致杀身之祸。在建筑中有如此严格的制度,这也是中国特有的。

另外还有关于建筑基址和环境的选择、城市的规划布局等方面的特点。以上这些特点都是在我们从事古建筑设计的时候必须特别注意的。

5. 城市规划特点

中国古代城市尤其是都城,都有很完整的规划布局。一般都是以皇宫或政府机构(衙署)为中心进行建筑布局和交通组织,不仅布局整齐严谨,而且规模宏大。在漫长的中国封建社会中,陆续出现过长安、洛阳、开封、南京、北京等这些当时世界一流的大城市。此外还有一些各地的府、州、县城也都按照行政等级,有一定的布局规则。

中国古代城市规划与封建政治制度密切相关,主要表现在两个方面:

① 政治性因素。城市规划以皇宫或政府机构为中心,按轴线布局,突出主体。皇宫大多处在整个城市的中轴线上,坐北朝南,象征权力的中心,在这一点上明清北京紫禁城的布局达到了登峰造极的地步。

② 里坊制。中国古代城市实行一种特殊的规划制度——里坊制。所谓里坊制,

就是将城市中的居民居住区按照棋盘格的形式,划分为一个个独立的方格,每一个方格叫做一个"里"或一个"坊"。一个里坊就是一个基本单位,四周有围墙,开有里门或坊门出入,并设有行政官员专门管理。夜晚里坊大门关闭,禁止人们上街,街道上实行宵禁。里坊制的另一个目的是限制商业的发展,中国古代长期实行"重农抑商"的政策,鼓励农业发展,抑制商业发展。里坊沿大街面禁止开设商店,里坊内也禁止一切商业活动。城市中只有在指定的地方、指定的时间内才能从事商业买卖。例如唐长安城中的东市和西市就是城中的商业区,别处是没有商店的。所以,里坊制不仅仅是一种城市规划的制度,还是一种城市管理制度,管理社会治安,限制商业发展。里坊制作为一种管理制度在商品经济发达的宋朝开始被打破,但是方格网状的城市规划布局方式却一直沿用,影响后世。

0.3 古建筑设计的特殊性

古建筑设计和一般现代建筑设计不同,它涉及的面很广,需要注意的方面也和一般建筑不同。其不同特点主要表现在以下几方面。

① 一般现代建筑设计首先必须注意的是功能,平面布局、内部空间都首先服从于功能的需要。现代建筑功能较复杂,只要功能需要,平面可以任意布置、任意变化。而古建筑则不然。首先,古建筑本来功能就比较简单,无论是宫殿、寺庙,还是祠堂、民居,功能都很单一,平面布局基本上都是统一的样式,中轴对称,庭院组合,这成了中国古建筑的平面布局的固定格式。因此,我们今天做古建筑设计仍然要遵循这种布局方式,不论是修复文物古建筑还是设计新的古建筑,都必须按照古建筑的布局方式。即使是有新的功能,也要遵循古建筑的布局方式。这并不代表古建筑设计的平面就无文章可做,事实上中国古代的庭院组合方式本来就是变化无穷的。平面布局做得好,庭院组合做得好,这是古建筑设计成功的第一步。

② 现代建筑的立面造型是无约束的自由创作,而古建筑的立面设计则不能随意设想。古建筑的式样、形式、功能类型等都是有一定规矩的,选择什么式样、什么类型,都要根据实际需要,按照惯例或"法式"制度来设计。这也不是说古建筑的立面设计就不能有什么创造性,古建筑的立面设计在确定了风格式样以后,其体量尺度、造型以及各部分比例关系都要靠设计师仔细推敲,哪怕是屋角起翘的高低、屋脊吻兽的大小、柱子高度和直径的比例等都必须符合美的原则。一句话,古建筑立面设计的基本原则就是"唯美主义",而这个美并不是所有人都能做到的。事实上,真正的古建筑也并不是每一座都美,它取决于建造者(工匠)对美的感觉。我们今天完全可以根据科学的建筑学和美学的原理来设计出美的尺度和美的比例。

③ 今天的建筑设计有着各种各样的规范,在设计过程中必须严格遵守。但是在古建筑设计中,这些规范不一定都能执行。例如现代建筑的消防规范,要求消防车能够到达建筑的四周,以便于扑救。而古建筑群的园林和庭院则很难做到让消防车进

入。又如建筑内部的楼梯,按照现代建筑的规范要满足人流交通,坡度不能太陡,宽度不能太窄。而古建筑中的楼梯几乎没有一个能够达到现代建筑规范的要求。但是,不能满足规范的要求不能因此就根本不考虑这些问题,相反正因为这些问题不好解决,就更应该想办法尽量采用别的方法来弥补这种缺陷。例如消防的问题,古建筑的消防问题不好解决,而古建筑又多数是木构,需要关注消防,这就得靠我们设计者想办法去解决。

④ 古建筑设计在材料的使用方面受到限制。现代建筑可以不受限制地采用任何材料,而古建筑则不能如此。因为一些材料是现代技术条件下的产物,在古建筑上就不能用。例如不锈钢、铝合金等金属材料,这类材料用在古建筑上就会破坏古建筑的风格。即使同样是石材,在古建筑上就不能采用经过抛光打磨等现代手段加工的石材。

总之,古建筑设计和现代建筑设计有很多的不同特点,这些需要我们在全面把握和深刻理解古建筑的基础上去认真体会,刻苦钻研,才可以真正做好。

1 古建筑的功能类型和建筑风格

1.1 中国古代建筑的类型和风格

1.1.1 中国古代建筑的主要式样、形式及其特点

所谓式样,是指建筑的外观造型。中国古建筑的式样主要是屋顶式样,包括庑殿、歇山、悬山、硬山、攒尖、卷棚、盔顶、盝顶等(见图 1-1)。另外,还有一些地方特色的式样,如西北地区的单坡、东北地区的囤顶、南方各地的封火山墙等。中国古代建筑的重要特点之一是建筑的等级制度,即按照建筑的主人的社会地位来决定建筑的等级差异,而建筑式样(屋顶式样)是建筑等级最突出的标志。最高等级是庑殿,其次是歇山,再次是悬山,然后是硬山。而庑殿和歇山又按重檐和单檐划分等级。

(a)庑殿(重檐)

(b)歇山(单檐和重檐)

(c)悬山

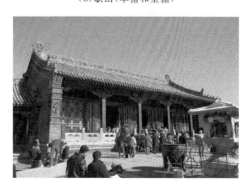
(d)硬山

图 1-1 各种屋顶式样

(e)攒尖

(f)卷棚

(g)盔顶

(h)盝顶

续图 1-1

所谓形式,不仅包括建筑的式样,还包括建筑的高度、体量、空间关系等,它与建筑的功能有着密切的关系。中国古代的建筑形式主要有殿堂、楼阁、塔幢、台、亭、榭、轩、廊、舫等。

1. 中国古代建筑的式样

(1)庑殿

庑殿也称"四阿顶",即四坡屋顶,一条正脊、四条戗脊。它是中国古代屋顶式样中最隆重、最庄严、等级最高的一种,只有皇宫和皇家寺庙才能使用。庑殿有重檐和单檐之分,重檐的等级高于单檐。例如,现存中国古建筑中规模最大、等级最高的故宫太和殿就是重檐庑殿式。

(2)歇山

歇山又称为"九脊殿",所谓九脊,即一条正脊、四条垂脊、四条戗脊。从形态来看,歇山的上半部分与硬山或悬山顶类似,下半部分又与庑殿类似,是上述屋顶的组合;从做法来看,当建筑物的面阔与进深接近时,采用庑殿就会使其正脊过短,既有碍美观又在结构上不好处理,采用歇山则可避免上述问题。在等级上,歇山仅次于庑殿,因其造型优美,所以使用较为普遍。歇山也有重檐和单檐之分。著名的天安门城楼就是重檐歇山式。

（3）悬山

悬山是两坡式,屋顶两端悬出山墙之外。悬山式主要用于宫殿和寺庙中比较次要的厢房廊道和一般民居建筑。在北方,悬山常有"五花山墙"的做法(见图 1-2)。

图 1-2　五花山墙悬山

（4）硬山

硬山也是两坡,与悬山不同之处是两端山墙升起,高出屋顶,屋顶两端到山墙为止,不悬出山墙之外。南方地区在城市和村镇房屋密集的地方为了防火而做出的封火山墙也属于硬山,而且由于封火山墙的造型多样,成为南方民间建筑最显著的地方特色(见图 1-3),硬山式建筑广泛应用于民居、宅第、祠堂、庙宇、书院、会馆、店铺等建筑上。

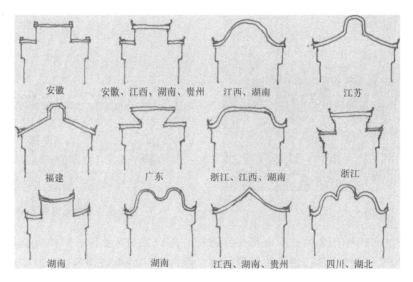

图 1-3　南方各地封火山墙造型

（5）攒尖

攒尖有四角攒尖、六角攒尖、八角攒尖、圆形攒尖等多种式样,多用于亭、阁等建筑,有时也用于宫殿。其在建筑群体组合中起两种作用:大型攒尖顶突出中心,如北京故宫的中和殿、颐和园的佛香阁、天坛祈年殿、沈阳故宫勤政殿等;小型攒尖顶(亭子)用于点景,如很多园林中的小亭子。

（6）卷棚

卷棚式是两面坡屋顶在顶部相交处形成弧面，没有正脊。因为没有正脊，所以卷棚顶看上去较为柔和，造型轻快秀丽，因此多用于园林和风景建筑，很少用于庄重宏伟的大型殿堂。卷棚式屋顶常见的有卷棚歇山和卷棚悬山两种，卷棚歇山一般用于比较华丽的楼阁，而卷棚悬山一般用于一层的普通建筑和连廊等。

（7）盔顶

盔顶不同于一般中国建筑屋面的凹曲形式，而是凹曲面和凸曲面的结合，造型奇特而华丽，类似古代将军的头盔。由于其外形上的独特性，所以常用于重要的风景建筑和纪念建筑。湖南岳阳楼（见图 1-4）、重庆云阳张飞庙等，是盔顶建筑的代表作品。

（8）盝顶

盝顶从形象上看是坡屋顶和平顶的结合，中央平顶、四周围绕坡屋面。盝顶的特点是可以扩大建筑的进深而无须增加屋顶高度。然而，盝顶上有平顶，在古代建筑材料的条件下，排水问题不容易处理。因此，古建筑中做盝顶的较少，现在能看到的实例也不多（见图 1-5）。

图 1-4　岳阳楼

图 1-5　北京太庙宰牲亭

这些屋顶式样在全国范围内都是普遍的。除此之外，还有一些具有地方特点的屋顶式样，如东北的囤顶，西北的平顶，山西、陕西地区的单坡顶等。

2. 中国古代建筑的形式

（1）殿堂

殿堂指皇宫、衙署、庙宇、祠堂、会馆等建筑群中轴线上的主体建筑，是建筑群的中心。在通常情况下，"殿"和"堂"又有所差别。一般按规模和等级来区分，大的称为"殿"，小的称为"堂"。如故宫太和殿、乐寿堂。其建筑宏伟壮观，装饰华贵。一般面阔为单数，台阶、屋顶一般为歇山、庑殿等式样，规模较小的也用悬山、硬山。且殿前多有广庭，其大小视建筑性质而定。

（2）楼、阁

楼和阁指多层重叠的房屋，出现于战国晚期，主要用于军事，供登高瞭望。汉至南北朝时，文人墨客多有登高习俗，楼渐渐成为风景园林建筑。从此，凡用来登高远眺的建筑均以楼、阁命名。古代城墙上多建楼阁，叫"城楼"。此外，文人住宅和寺院内也多建楼阁，住宅的楼阁多用于藏书、读书，或为闺楼、绣楼，寺院楼阁多用于藏经。

（3）台

我国古代春秋至秦汉时期，皇家宫苑营建中盛行高台之风，其上进行祭祀、观赏、娱乐等许多活动。其基本形制是夯土筑高台，外砌砖石，上建殿堂或楼阁。台成为上面殿堂或楼阁的一个巨大基座，使其更为高耸、壮丽。我国古代宫殿常建于高台之上，以显示帝王至高无上的地位，如著名的秦代阿房宫主殿、唐朝大明宫含元殿等。

（4）亭

在我国古代，亭的种类很多，按功能来划分，数量和式样最多的是园林和风景区的"景亭"。此外，还有用于其他目的的，如立碑的碑亭，路边供人休息的凉亭，护井的井亭，悬挂钟鼓的"钟亭""鼓亭"等。按平面和屋顶式样来划分，有四方、六方、八方、圆形等。此外，还有各种特殊的形式，如扇面、套方等。

在古建筑设计中不仅要考虑好亭子本身的造型，亭子位置的选择也尤为重要。因为对亭子本身造型的考虑是在选定基址后，依所在地段的周围环境进一步研究亭子本身的造型，使其与环境很好地结合起来。亭子位置的选择对于建筑群，尤其是园林的空间规划是非常重要的，在选择位置时既要考虑游人停留观景的需要，还要考虑亭子对景色点缀的作用。

（5）榭

榭，一般指建在水边的建筑，大多出现在园林之中。《园冶》中说："榭者，藉也。藉景而成者也。或水边，或花畔，制亦随态。"虽然其时隐于花间者也可称榭，但今天榭以水榭居多，通过架立的平台一半伸入水中，一半架立于岸边，跨水部分多为石梁柱结构，而挑出水面的平台也是为了便于观赏园林景色，获得难得的池岸开阔视野而设。

南方私家园林水池面积一般较小，所以榭的尺度不宜过大，平面开敞，造型通透、灵动，建筑装饰精致、素雅（见图1-6）。

在北方皇家园林中，与面积广大的水面相呼应，榭的尺度也随之加大，有些作为单体建筑物的水榭被一组建筑群体所取代，而建筑风格也呈现浑厚、持重的特点。与皇家园林的格调相配合，装饰以红柱、彩画、黄色或绿色琉璃瓦，色彩浓重。

（6）轩

"轩式类车，取轩轩欲举之意，宜置高敞，以助胜则称。"《园冶》中的这段话指出了轩的主要特点：轩的选址宜于高旷之处，居高临下，以便于观景。轩是一种比较特殊的建筑形式，一般是一面无墙壁、门窗，对外全开敞，人可坐在其中观景。有的做有格扇门,但可全部打开。轩有临水而建的,与水榭相似,但一般不像水榭那样伸入水中(见图1-7)。为形成清幽、恬静的气氛,轩还常采用小庭院形式,这种小巧、精致的空间适宜静观近赏,而花木与山石成为庭院特色设计中的着眼点,如听雨轩中的芭蕉,看松读画轩中的古松等。

图 1-6　潍坊十笏园水榭　　　　　　图 1-7　苏州拙政园竹外一枝轩

（7）廊

廊是作为建筑物之间的联系而出现的。中国建筑对廊的使用非常灵活,在庭院中用抄手廊、回廊组织空间,在园林中更发挥了其在理景上的巨大作用——它既可做风景的导游线,又可用来划分空间、增加风景的深度。

廊的基本特征是窄而长,正如计成在《园冶》中所说:"宜曲宜长则胜,……随形而弯,依势而曲。或蟠山腰,或穷水际,通花渡壑,蜿蜒无尽"可见,廊的这种长的特征表达了一种方向性,具有运动、延伸、增长的意味。还有一种中间用墙分隔的廊,被称为复廊,在园林设计中,因为中间的隔墙既可划分景区又可形成隔而不绝的空间渗透效应而得到许多造园家的青睐。

（8）舫

园林设计中除台、榭等之外,还有一种仿船的亲水建筑,称作舫。江南园林水面较小,不宜划船,而园主又想在游玩饮宴、观赏水景时有泛舟水面之感,由此形成"舫"这一建筑样式。舫一般用石砌成船体形状,上面再建小型建筑。尾端与岸边相连,前端伸到水面上。人坐舫中饮茶休闲,打开窗户四面观景,如坐船上(见图1-8)。

图 1-8　南京煦园不系舟(舫)

1.1.2　中国古代建筑的功能类型及其特点

从使用功能来看,中国古代建筑主要可分为下述类型:宫殿、衙署、坛庙、宗教建筑(寺观、塔幢、石窟等)、城关、园林、民居、书院、祠堂、会馆、店铺、坊表、桥梁、陵墓等。

(1)宫殿

谈到宫殿建筑,首先令人想起雄伟、富丽堂皇一类的形容词。"宫"和"殿"两字本来是各有其不同含义的,"宫"指专为皇帝使用的建筑群,"殿"是指用于举行典礼仪式和办理公务的主体建筑物。宫殿则泛指皇帝处理朝政和生活起居的建筑群。

皇宫建筑严格按照中轴对称的方式布局,而且其中轴线往往就是整个都城的中轴线。北京故宫就是典型,故宫的中轴线就是整个北京城的中轴线,宫中主体建筑全部布置在中轴线上。皇宫总体规划一般分为前后两大部分,处理朝政的主要殿堂一般都在前部,称为"前朝"。皇帝、皇后、太子、妃子、宫女、太监等都居住生活在后部,称为"后宫"或"后寝",所谓"前朝后寝"就是指皇宫的这种布局方式。

作为皇居所在的九重禁地,礼的秩序也是宫城规划与建筑布局的关注重点。中国古代礼制中有"五门三朝"和"左祖右社"的规定,以后各朝代都沿用此制度。所谓"五门三朝",是指皇宫建筑前面必须要有连续五座门,而皇帝上朝的殿堂也必须要有三座。五门分别是皋门、库门、雉门、应门、路门,三朝是指外朝、内朝、燕朝。今天的我们能看到的明清故宫紫禁城就是严格按五门三朝规划设计的。相应的五门就是今大前门后面的大明门(明代叫正阳门,清代叫大清门,民国时改称中华门,1958 年被拆除)、天安门、端门、午门和太和门。三朝就是故宫三大殿:太和殿、中和殿、保和殿。所谓"左祖右社",是指皇宫的左边是祭祀皇帝的历代祖先的祠庙,右边是祭祀社稷之神的社稷坛。今天安门左边的太庙(今北京市劳动人民文化宫)和右边的社稷坛(今中山公园)就是"左祖右社"的布局。这里说的"左""右"是按皇帝在宫中坐北朝南的左右。

礼的核心是等级思想和等级制度,礼仪制度首先注重的是皇家建筑。作为皇家建筑的宫殿的设计,自然强调天下一统的最高权力。因此,宫殿建筑的规模、式样、色彩、装饰等都必须是最高等级的,它是最高权力的象征。

(2)衙署

衙署是古代中央和地方政府处理政务的机构,分别掌管中央和地方的各级行政、司法等事务。中央政府主要有六部:礼部、吏部、户部、兵部、刑部、工部。京城衙署大多建于指定的集中地段上,如曹魏邺城、北魏洛阳、隋唐长安、北宋开封、金中都、明初南京及明北京皆集中建于皇宫前大道两侧。明清北京城六部设在天安门前的千步廊内。地方政府按级别分为府、州、县衙,在宋以前多建于子城之内,由办公处所、官邸、监狱等组成。

从平面布局来看,衙署常采用传统的四合院格局,以衙署的行政等级高低来确定中轴线上庭院的多少以及建筑规模的大小。主要建筑有审理案件和办理公务的正堂

（按衙署规模的大小往往又有大堂、二堂甚至三堂）及附属建筑，包括仓库、军器库和监狱等。

衙署建筑严格遵守官式建筑的等级制度，威严、庄重的风格是其特点。作为统治阶级权力的象征，衙署常拥有高大的墙垣、气派的门楼、肃穆的基调，其最重要的作用是彰显统治者的权威。

（3）坛庙

坛庙是中国古代的祭祀建筑。中国古代的祭祀不同于宗教，有感恩和纪念的意思。祭祀建筑分为"坛"和"庙"两类。一般祭祀自然神灵的是"坛"，如天坛、地坛、日坛、月坛、社稷坛、先农坛等。纪念人物的是"庙"，也有的叫"祠"，如孔庙、关帝庙、屈子祠、张良庙、司马迁祠等。

由于祭祀是礼乐文化最重要的表现形式，与祭祀相关的建筑也就成为礼所关注的重点，因此祭祀仪式成为坛庙建筑的重要设计依据。坛和庙在建筑形制上是有区别的。坛是露天的，为垒砌的坛台，在坛台上举行祭祀活动，在坛台上增建建筑是明代以后的新发展（北京天坛祈年殿）。《周书》记载："设丘兆于南郊，以祀上帝，配以后稷农星，先王皆与食。"可见，露天而祭的坛设于郊外为"古制"。祭祀天、地、日、月、社稷需在露天的坛上举行。坛的设计融入了中国哲学自然观和阴阳五行说的象征手法，创作出具有高度艺术水平的建筑形象。如天坛是圆的，地坛是方的，是中国古代"天圆地方"的自然观的象征；社稷坛上用青、赤、白、黑、黄五色土填筑，象征东、南、西、北、中五方（见图 1-9）。和坛不同，庙是必有建筑的，一般由大门、拜殿、正殿、厢房等建筑构成。正殿中供奉被祭祀者的神位或神像。祠庙建筑中最特殊的一类是孔庙，又称"文庙"，专门用于祭祀孔子，这是中国古代数量最多、规格最高的庙宇。古代礼制规定孔庙（文庙）建筑享受皇家建筑的等级礼遇。

图 1-9　北京社稷坛

（4）宗教建筑

中国古代本来是没有正规宗教的，东汉时期佛教传入，同时道教也开始形成。于是产生了一种新的建筑类型——宗教建筑。中国较早的宗教建筑主要有佛教寺院、塔幢、石窟和道教的宫、观，较晚的有伊斯兰教清真寺和基督教教堂等。前者体现的是中国传统建筑的风格和式样，而后者主要是外来的建筑式样。在此，主要介绍佛教建筑和道教建筑。

佛教建筑因其所属宗派不同，而呈现不同风格，带有较强的地域特点：中原、东南、华南地区主要是青教寺院，建筑类似宫殿，较华贵庄严。分布于华北、西北以及内蒙古、西藏等地的主要是黄教寺院。黄教寺院又有汉式和藏式两类，汉式类似于宫殿,藏式俗称喇嘛庙,是典型的藏族碉楼式建筑式样。汉族地区的喇嘛庙又多有汉藏结合的特征。西南边陲为小乘佛教流行之地,那里塔殿结合,塔的形象繁复,常在一基座上以众多小塔组成大塔,有东南亚地区民族风格。道教宫观与佛教寺院的建筑形式没有多大区别,所不同的是道教宫观中一般没有塔和石窟。

① 佛寺。佛教寺院多选址于名山大川或深山之中,"天下名山僧占多"正是对这一情况的写照。从功能来看,佛寺建筑主要分为宗教活动及生活用房两部分,采用中轴对称的院落布局。从总体布局来看,佛寺建筑也有一个发展变化的过程。早期佛寺在主院正中建佛塔,塔和殿前后立在同一轴线上,也有的塔和殿在同一个院内横向并立,这种布局方式叫"塔院式"。唐以后,塔逐渐移出寺院中心,甚至有的寺院没有塔。

明代以后佛寺布局基本定型:中轴线上的主体建筑主要有山门、天王殿、大雄宝殿、藏经阁等,其次还有法堂、方丈等。寺庙中轴线以大雄宝殿为中心,也有少数以观音阁为中心的。僧众的生活场所作为次要建筑常位于后半部或旁边,有僧房、食堂、浴室、厨房、仓库等。

② 道观。道教建筑一般称观或宫。道观布局沿袭中国传统的院落式布局,主院落位于中轴线上,两侧及后部安排厨、库、居室等,建筑采用殿堂的模式,前为影壁、牌坊,后为重要殿堂。道观的主要建筑以三清殿为中心,其次有玉皇阁、斗姆阁等。为适应道教的打醮等仪式的露天活动,殿前需要设较大的月台。道家不主张形式的限制,有的道观与一般寺庙主殿在后的设置不同,将最大殿堂设于前部,还有道观在大殿后用穿堂与后殿相连形成工字形平面,形式较为特殊,现存道观在布置上与佛寺基本相同,只是没有塔幢。

(5)城关

"城"在古代指建有防御性城墙的市镇;"关"是较大地域范围的重要防御关键点,常是交通要道的必经之处,即关隘、关塞、要塞。它们是古代战争的产物,作为政权中心与财富集中地的城市,是防御的重点之一,所以营建城市时也需要考虑军事。在古代城市周围建造防御性构筑物就成为古代城市防御的重点工程,这些防御性建筑或构筑物主要是城墙、城楼和城壕。

① 城墙。城墙并不是一般意义上的"墙",为了保证军队的活动,城墙顶面上必须保证相当的宽度,一般在8~10 m以上,相当于一条筑高的马路。为保证墙体的坚固,墙体下部比上部厚,其断面呈梯形。城墙外侧有箭垛,又称"雉堞"。城墙在主要城门入口往往做成"瓮城",以加强防御的能力。长长的城墙面上常有一段段向外突出的墙面,叫马面,上有敌台。

早期的城墙为土筑,明以后,砖的产量增多,从都城到地方城墙皆已用砖石包砌。

② 城楼。城楼是指建于城墙上面的建筑物。包括城门上方的城门楼,城的四角和其他转折处的角楼,马面上的敌楼等。

城门楼不但可使城市入口处壮丽、雄伟,还有举行宴会和庆祝活动的功能。战争时期城门楼又因其居高的优势而使其上层可瞭望观察敌情、指挥战斗。城楼有箭楼和阁楼两种形式。箭楼承担重要的防御功能,砖砌厚墙,墙上有层层排列的方形射孔;阁楼的防御要求较低,而在美观上的要求较高。四周做柱廊、

图 1-10　民国初年的北京正南门——永定门

墙上做木构隔扇门窗。一般城墙主入口做瓮城时,瓮城前面一座做成箭楼,后面一座做成阁楼。例如西安城正南门,已被拆掉的北京老城永定门(见图 1-10)。河流多的江南古城常有水城门,是河流进出城墙的出入口。

③ 城壕。城壕即护城河,设于城墙之外,作为城墙下的障碍物,壕池宽且深,只在城门入口处做吊桥跨河入城。古代战争频发,桥常做成吊桥形式以阻敌通过,为阻止敌人偷越壕池,还有在池中水下埋插竹签或竹箭之法。

(6)园林

在中国古代,园林又有苑、囿、山庄、别业等多种名称。早期的苑囿,其功能除了居住、游乐以外,还包括种植、放养、狩猎等。早期的皇家苑囿中可种植果树、农作物,收获为皇家享用;放养珍禽异兽和一般野生动物,皇帝常带领军队入园内狩猎,作为皇帝习武练兵的一种方式。因此,这一时期的苑囿都占地范围极大,如秦汉时期著名的皇家园林"上林苑",据史书记载,"周袤三百里""苑中养百兽,天子秋冬射猎苑中"。后来皇家园林中这种种植、放养的功能逐渐减弱,居住、游乐成了园林的主要功能,于是园林的占地也就没有必要那么大了。在我们今天能够看到的皇家园林中,承德避暑山庄还保留着部分早期苑囿的特征,清朝皇帝每年去那里射猎,因而它占地是比较大的。而像颐和园、北海、中南海这些园林就是纯粹游赏性的了。但是与私家园林相比,再小的皇家园林也是很大的。

另外,皇家园林还有一个比较固定的文化内涵,即对东海神山的模仿。中国古代皇帝都向往长生不老,因而都相信道教神仙方术。古代神话中认为东海中有蓬莱、瀛洲、方丈、壶梁四座神山(一说蓬莱、瀛洲、方丈三座),山上长着长生不老的仙药。生活在神山上的仙人住着琼楼玉宇,喝着琼浆玉液。于是,皇帝们便在自己的苑囿中开挖池沼,做大片的湖面以象征东海,在湖中做岛,象征东海神山。从秦汉到明清两千余年的历史中,这几乎成了建造皇家园林的固定手法,甚至连名称都是和仙山琼岛、长生不老相关的。例如上林苑中的"太液池",颐和园中的"昆明湖""万寿山"(见图 1-11),北海中的"琼华岛",中南海中的"瀛台"等,都是东海神山的象征。

中国园林是中国古代天人合一、崇尚自然的哲学思想具体的、艺术化的体现,其

图 1-11　颐和园昆明湖与万寿山

基本的旨趣就是遵循自然、模仿自然。堆山叠石、凿池开渠、种花植树，一切都以模仿自然形态为准则。明代著名造园家计成在其造园学专著《园冶》中精辟地总结了中国造园的基本思想：“虽由人作，宛自天开。”

在数千年的造园历史发展中，中国园林形成了两种主要的风格和类型，即皇家园林和私家园林。

皇家园林的基本特点：占地面积大，视野开阔；开挖大片湖面，象征东海；湖中做岛，象征东海神山；园中主要建筑沿中轴线对称，次要建筑随地形自由布局；建筑精巧，装饰华丽，体现皇家气派。

私家园林的基本特点：占地面积小，小桥流水；水面小，不做岛屿；堆山叠石，曲径通幽；树木掩映，层次丰富；建筑布局随地形景物而设，比较自由；建筑造型丰富多变，装饰朴素淡雅，体现文人雅士的审美情趣。

（7）民居

所谓民居，即住宅建筑，一般指传统的住宅。古代遗存的或现代按传统方式建造的住宅都可以称之为民居。

中国传统民居的最大特点就是地域性，在各地不同的地理气候条件下，在各地方各民族不同的生产生活方式的影响下，形成了中国各地民居建筑不同的风格、式样、类型等，概括最具代表性的有如下几种类型。

① 合院式。即人们常说的四合院。由单栋建筑四面围合成庭院，单栋建筑之间

屋顶不相连,庭院较宽阔(见图1-12)。一座住宅由若干个庭院组成,住宅规模的大小,庭院的多少,依据住宅主人的社会地位和财富而定。合院式民居主要分布在华北、西北、东北以及华中部分地区。以北京四合院为最典型的代表。

②天井院落式。南方院落式住宅,院落很小,被称为"天井"。其特点是院落四边的建筑屋顶相连,围合成一个井口。四边屋顶的雨水流向天井中,民间称之为"四水归堂"或"聚宝盆"(见图1-13)。北方的庭院是人们活动的主要场所,往往设置有石桌、石凳、葡萄架,而南方的天井则一般不能进入,只供排水用。天井院落式民居分布在华南、东南、西南及中南部分地区。

图1-12　北京四合院

图1-13　南方天井院

③窑洞式。这是上古时代穴居形式的延续,只是比原始的穴居更讲究。窑洞有靠山窑和平地窑两种,靠山窑是在山崖壁上水平挖进,洞口做门窗,内部是房间。平地窑又叫地坑窑,是在平地上垂直向下挖出方型大坑,再在坑的侧壁上平行于地面挖进房间,地坑就变成了一个院落(见图1-14)。这种居住方式只适宜于黄土高原这种极度干燥少雨的地区,因此,其分布范围基本上就是陕西、山西和河南的部分地区。

④干栏式。和窑洞式民居相对立,干栏式民居是古代南方炎热潮湿的地理气候条件下的产物。南方民居重点要解决防潮通风问题,于是把底层架空,人住上层,这就是干栏式建筑,在南方民间称之为"吊脚楼"。在山区,干栏式建筑可以建在山坡上,节省宝贵的平地(见图

图1-14　地坑窑洞

1-15)。因此,干栏式民居多分布在西南多山的云南、贵州、广西、四川以及湖南西部(湘西)。干栏式建筑一般为全木结构,木构架、木地板、木板墙壁。云南傣族地区多竹楼,它也是干栏式的一种形式。

⑤ 土楼式。土楼又称"围楼",它是特殊历史条件下的产物。古代由于战争或灾荒的原因,导致大量移民的迁徙,即所谓"客家人"。他们为了自我保护而建起土楼这种有着很强防御功能的住宅。小的一个家族,大的一个村落聚居在一个土楼内。土楼有圆形和方形两种,一般高三、四层。为防御的需要,一、二层不开窗,做牛栏、猪圈或杂屋,三、四层住人。外围厚土墙,朝内为木构回廊(见图 1-16)。圆形土楼规模较大的内部可以有两圈、三圈,最中心是家族祠堂。土楼式民居主要分布在福建、江西和广东的部分地区。福建的有圆形和方形两种,江西和广东的一般是方形,而且常在四角升起碉楼,更具防御特征。

图 1-15 干栏式民居 图 1-16 土楼式民居

⑥ 碉楼式。碉楼式民居反而不是为了防御,只是其外观造型像碉堡(下部较宽,上部较窄,平顶,窗洞较小)(见图 1-17),这是因为地理气候的原因。因为青藏高原

图 1-17 藏族碉楼式民居

和戈壁滩上气候变化异常,一天之中白天和晚上气温可以相差30℃。建筑的厚墙小窗是为了使室内温度相对稳定,不至于随室外温度变化太快。这是藏式民居的特点,其分布范围主要是西藏以及青海、四川、云南的部分地区,主要是藏区。

⑦ 毡包式。即人们常说的"蒙古包"。这是草原地区游牧民族经常迁徙的游牧生活的产物。实际上并不只是蒙古族,新疆的哈萨克、塔吉克等民族也大量使用这种毡包式住宅。其构造是顶部用木条做成伞状骨架支撑,下部围以可压缩的网状木条骨架,最后在骨架外包上动物皮或帆布。迁徙时,拆分开来装上马车即可运走。毡包式住宅虽不算是一种正式的建筑形式,但由于在中国北部、西北部、东北部地区分布范围广,它是中国民族大家庭中一种重要的居住方式,而且其构造方式在很多方面仍然有建筑学上的借鉴意义。

(8)书院

中国古代的学校有两类,官办的叫学宫,民办的叫书院。一般来说,书院的规模比学宫小,但也有少数规模很大的书院,如湖南长沙岳麓书院、江西庐山白鹿洞书院等。书院的基本功能是讲学、藏书、供祀、游息。与此对应形成讲堂、斋舍、藏书楼、祠庙及园林等规制。

书院布局依照功能分区的原则,前为讲堂,后为斋舍,或中间讲堂,两旁斋舍。藏书、祭祀的建筑一般在后部或旁边。按古代礼制,凡办学必祭奠先圣先师,所以书院中都有祭孔子的殿堂。长沙岳麓书院因其地位较高,设有独立的文庙,并依"左庙右学"的规制设于书院左侧。书院选址非常讲究,"择胜地""依山林",以作为静心读书的地方。而且,儒家把对自然山水的欣赏视为怡情养性、陶冶情操的重要手段。对环境风景的选择和经营成为书院建设的要务。历史上著名的书院,如江西白鹿洞书院、河南嵩阳书院、湖南岳麓书院皆选址于风景优美之处。即使建于城中,书院也尽可能开园辟池,以添环境秀色。

书院的建筑不尚华丽和气派,朴素淡雅,无过多装饰,体现文人的审美情趣和书卷气。

(9)祠堂

祠堂从广义上讲,属于坛庙建筑中"庙"的一类,即祭祀纪念人物的建筑。而作为民间祭祀祖宗的祠堂,又称家庙、宗祠。由于其数量之大、分布之广,而往往被单独视为一个建筑类型。

从建筑性质看,祠堂具有公共建筑的特点:被族人用来进行祭祀、聚会、处理宗族事务,或用于看戏,甚至用于办学等。从规模上分为大型和小型两类。小型祠堂仅为一进庭院,前为大门,后为殿堂,中间庭院两侧以廊或厢房相连。大型祠堂有三进甚至四进,在大门与正堂之间有一个过厅,也叫拜厅。拜厅一般只有柱子,前后均无墙壁门窗,完全开敞,人在拜厅中朝正殿祭拜。正殿中供奉祖宗神位,两旁有夹室,用于存放祭器和族谱。有的还在大门之后建有戏台。

无论祠堂是大是小,它都是为强化家族意识、延续家族血脉、维系家族凝聚力而存在的。加之家族之间互相攀比，务求宏伟壮丽，所以祠堂常为一地显赫的建筑，以高大的体量和华丽的装饰显示家族的实力（见图1-18）。

（10）会馆

会馆形成较晚，它是封建社会后期商业经济发展的产物，是由于商品流通和人口流动，为加强同乡或同行间的联系而由商业、手工业行会或某一地域商人集资兴建的一种公共建筑。

图 1-18　广州陈家祠

会馆有行业性会馆和地域性会馆两类。行业性会馆是同行业的商业、手工业行会的商务办事机构和公共活动场所，如盐业会馆、布业会馆等。地域性会馆是由旅居一地的同乡人合资兴建的，供同乡聚会、联络感情和提供食宿方便的场所。清代北京就有会馆 300 多所，省一级的会馆如四川会馆、山陕会馆、安徽会馆、湖南会馆等，县一级的会馆如绍兴会馆、浏阳会馆等。

会馆大小规模和建筑工艺是否讲究取决于该会馆的势力，但不论大小皆有相似布局：前为大门、戏楼、广庭，后为大殿、后殿。大门常与戏台合建，殿堂数量依规模大小有一个至数个不等。两侧厢房一般用于会馆办公、议事，住宿一般设在旁边的小院之中，常以小天井、四合院的形式布置，自成一区。

戏楼是一般会馆中都有的，大型会馆除戏楼外还有左右耳楼，甚至有几个戏楼，分别位于不同院落之中，正厅后还有正殿及左右钟鼓楼。

会馆是商业行会和地方势力的形象代表。因此，其建筑无不耗资巨大，极尽雄伟华丽。形式上具有宫殿、庙宇的特点，体量高大、装饰华美。

同时，会馆又具有浓郁的地域特色。它不仅在于会馆建筑表现出来的所建地区的地域特色，还表现在会馆使用者故乡的建筑文化理念与当地文化的交融上，使会馆呈现出丰富多彩的表现手法。例如，山东烟台的福建会馆，由旅居烟台的福建商人集资建造，不仅其建筑式样完全按福建地方式样来做，甚至连建筑材料都大部分从福建运来（见图1-19）。

图 1-19　烟台福建会馆

(11)店铺

中国古代的店铺并无特殊的建筑式样。一般就是城市住宅建筑的式样,沿街并列而立。大店铺只是比一般住宅要大,在大堂中布置柜台;小店铺就完全是街边住宅,只是在前面临街的一面设柜台。店铺和住宅是相互结合的,一般有"前店后宅"和"下店上宅"两种形式。传统店铺临街面的建筑形式与城镇住宅无太大区别,只是附加上一些商业性的装饰。例如,过去北京街上的铺面前,将高大的木牌楼或拍子作为招牌(见图1-20),有的垂直伸出挑头,上面悬挂幌子。

(12)牌坊

牌坊也叫"牌楼",是中国古代一种纪念性建筑。中国自古有"表闾"之制,将功臣姓名及事迹刻于石上,置于里坊之门——闾门以表彰其功德,这种闾门逐渐演化而为牌坊。牌坊多立于城镇村落的大路入口等处,作为纪念性建筑,表彰某人的功绩德行,或作为某一重要建筑的入口标志。牌坊上的小屋顶叫"楼"。从建筑的角度上说,柱上有

图1-20　传统店铺大门
(《中国古建筑二十讲》,楼庆西)

屋顶者称为牌楼,无屋顶的称为牌坊,现在一般已无严格区分。

牌楼按其间数、柱数和屋顶的多少界定大小规模,尤以柱数、间楼为要。四柱三间为最常见的规模,六柱五间为大型牌坊,用于很宽的道路或皇家陵墓前;按屋顶多少又有三楼、五楼、七楼、九楼的区别。一般柱子不出头,柱子出头伸到屋顶之上的叫"冲天牌楼"。按建造材料,牌楼又可分为木牌楼、石牌楼和琉璃牌楼等。

牌楼的平面多呈"一"字形,独立无依,因此,应注意它的稳定性处理。木牌楼的柱子要埋入地下,埋入深度应达到地坪以上柱长的一半,柱底还应做砖石垫层。柱脚的夹杆石也应随柱子一起埋入,以保护柱脚,防止腐烂,同时加强柱子的强度。民间一些牌楼,还在四隅增设角柱,平面呈 〉〈 形,俗谓之"八字坊",可以加强稳定性,并使牌楼的形象立体化。皖南等地还有立于十字路口平面呈"口"字形的牌楼,如安徽歙县的许国坊、丰口的进士坊等,造型十分别致。

江浙、闽粤、湖南等地的住宅、祠堂等,还将牌楼浮雕化,以砖砌的形式贴在门墙上。北京的清代店铺,为增加商业广告气氛,也将装饰繁复的冲天式木牌楼添设于大门前,牌楼高出房檐。冲天柱顶有云罐或宝珠一类的装饰,柱身或檐口往往有雕成龙头的挑头伸出,以便悬挂招牌、幌子。

(13)桥梁

我国古代桥梁按结构形式主要分为三大类:梁桥、拱桥、悬索桥。按建筑造型分为平桥、拱桥、廊桥。

在古建筑中,桥不仅仅是作为交通联系而存在的,桥的艺术造型与所在环境景观的结合更为突出,尤其在风景园林中桥的运用起着很重要的作用,如南方地区常用的廊桥(风雨桥),以其优美的造型,成为重要的景观建筑(见图1-21)。

图1-21 侗族风雨桥

1.2 古建筑设计的基本原则以及类型、风格的选择

一般建筑设计都首先从功能出发,古建筑设计也是如此。一般说来古建筑的功能比较简单,没有现代建筑的那么复杂。但是我们今天做古建筑设计,情况与古代不一样,有时是纯粹的古建筑修复,有时是古建筑的改造,有时则是现代建筑模仿古建筑的形式,即所谓仿古建筑。因此,我们在设计古建筑时要根据实际情况来决定其基本做法,选择其功能类型,进而决定它的建筑式样和风格。

1.2.1 古建筑设计的基本原则和做法

由于保留下来的真正的古代建筑(文物)数量不多,除了以保护为目的的修复已有的真正古建筑以外,更多情况是根据现代的需要而进行的恢复重建和完全新建的仿古建筑。古建筑设计总体来说不外下述六种情况。

1. 现存的文物古建筑的修复和被毁古建筑的重建

真正从建筑设计的角度来说,文物古建筑的修复设计,难度不大,各部分都按照原来已有的进行修复。文物修复的原则是"修旧如旧",不能随意创新。修复设计中更多的是技术性的设计,即针对古建筑损毁部分的修补、撤换、加固、保护,这也是文物古建筑修复设计中难度较大的部分。

按照文物保护相关规定,已经被毁掉了的古建筑原则上不再恢复重建。但是因为这一建筑有着重要的历史意义,或者是因为这一建筑是某一重要建筑的组成部分,缺了它就不完整等原因,对已经被毁了的古建筑进行恢复重建的情况还是很多的。在这种情况下,设计工作的第一步,也是最重要的一步就是考证,考证出原来建筑的相关信息。考证一般从四个方面体现。① 图像资料。包括建筑被毁以前的照片、历史典籍和地方志书中的图画等。② 文字记载。史书、碑刻或地方志中有关该建筑的记载。③ 考古发掘。对建筑遗址进行发掘考证。④ 采访见证人。被毁时间不太长的建筑,往往见证人还健在,他们的回忆也是重建设计的重要依据之一。对古建筑的恢复重建应在以上几种考证的基础上进行设计。

2. 园林风景建筑

园林和风景名胜区是古建筑较为集中的地方,也是各地常有的,同时其也和旅游密切相关。园林和风景名胜区的古建筑设计应遵循以下几个原则。

① 景观协调的原则。园林和风景名胜区内的建筑是园林风景的重要组成部分,它们必须服从风景,而不能破坏风景。从体量、造型到色彩装饰都要与环境协调。尤其是体量,在自然风景面前要有一种谦逊的"态度",不要以高大的体量来突出建筑个体,征服周围环境,这样往往会破坏风景。这一点非常重要,通常建造者和设计者都容易犯的错误就是只顾做大,突出建筑个体,而不顾与周边的关系。

② 生态的原则。自然风景之美是最宝贵的,一旦破坏就难以恢复。因此在风景区内的古建筑不要占地太大,尽可能少砍树或不砍树,建筑要结合树木生长情况进行设计。尽可能少做硬质地面,多保留绿地。建筑材料尽可能采用木材,少用混凝土。基础也应尽量少用混凝土,不要在美丽的自然山林中埋入大量混凝土。

③ 尊重地形地貌的原则。在园林风景区内做建筑,要随自然地形高低来进行设计,切记不要把山头、洼地全部推平。推成平地来做设计很省事,但是建筑没有趣味,尤其没有中国园林建筑的趣味。中国园林建筑就是要随地形变化高低错落,顺应自然,自由布局,形成特殊的建筑空间(见图 1-22)。

图 1-22　长沙岳麓书院后园连廊

3. 有地方特色的文化建筑、纪念建筑

这类建筑有的是和风景名胜相关,有的是和某个历史人物、历史事件相关。有的是历史上就有的,如湖南的岳阳楼等;有的是原来有,被毁了,又重建的,如湖北的黄鹤楼、江西的滕王阁等;也有的是历史上没有,今天为了某种需要而新建的。这类建筑往往也是重要的景观建筑,甚至占据重要位置,成为标志性建筑。这类建筑的设计,第一是要遵循景观协调的原则,不可体量太大,破坏景观。第二是要有地方特色,因为这类建筑往往是一个地方的标志并且代表这一地方的文化。

4. 仿古商业建筑

这类建筑是模仿古代城市街道商铺而来的,往往不是独立单栋的,而是连排并列形成街道或街区,即人们常说的仿古一条街。做这类建筑的设计首先要考虑与街道的关系,古代街道两边的商铺绝大多数都是城市居民开的小商铺,每家临街占的门面都不宽,一开间、两开间,最多三开间,垂直于街道向纵深发展。大多数商铺都和住宅相结合,或前店后宅,或下店上宅。建筑也不高,一层、两层,最多不过三层。今天再做这种仿古街道店铺就要注意到这些特点,店面不能太宽,向纵深发展;建筑不能太高大,店面不可太豪华,有民宅的风格。另外,凡做这种仿古商业街,街道一定不能太宽,街道宽了就不是古代街道的尺度,就没有"古街"的韵味。

5. 传统风格的住宅

在现代密集高楼住宅的弊病日益显露的今天,中国传统式住宅再一次唤起了人们的向往。现在有些房地产商在开发高档房地产项目时采用中国传统住宅形式。但是在这类住宅建设中,能做到真正中国传统式的很少,因为中国传统住宅中最重要、最有魅力的是庭院。当然,今天受到人口和土地的压力,人们已经很难再拥有庭院。因此,今天的传统风格住宅设计大多只能在建筑造型和装饰上来体现传统,只有极少的情况下有条件做庭院。但是庭院和公共交流空间仍然是今天仿传统式住宅设计中尽力追求的目标,北京菊儿胡同住宅是这方面的典型(见图1-23)。

图1-23 北京菊儿胡同住宅

6. 新建的庙宇、祠堂等

随着经济的发展,一些比较富裕的农村地区开始热衷于兴建庙宇和家族祠堂。遇到这类的仿古建筑设计要求,建筑师要注意自己的社会责任。一方面要正确引导民众,不可助长盲目的迷信思想和落后的宗法观念。另一方面在允许的范围内适当地建造此类建筑,也可借此保留地方建筑传统。此类建筑的设计主要应注意的就是建筑的地方特点。

1.2.2 建筑类型与建筑风格的关系

中国的传统文化可以大致分为三种类型:官文化、士文化和俗文化。

官文化具有权威性、庄重性的文化品格,并有浓厚的政治色彩。反映在建筑上就形成了官式建筑的主要特征:严格的等级秩序与规制,建筑风格上强调威严的气势和壮丽的、雍容华贵的基调。

士阶层(知识分子)重视精神世界,追求恬淡、安适的生活方式。与此相应,士文化的特征是朴素淡雅、恬淡自然,反对豪华和奢侈。在建筑上表现为比较自由的平面格局、淡雅的色调、朴实无华的风格。

民间艺术来源于俗文化的内涵,内容稚拙朴素,追求吉祥如意。气氛热闹,色彩艳丽、浓烈,通俗易懂是其重要特点。民间传说中的许多题材也被人们取来,成为民间建筑的重要装饰来源。

代表官文化的官式建筑的类型主要有皇宫、衙署、皇家园林、皇家祭祀的坛庙以及皇帝赐建的寺庙等;代表士文化的文人建筑主要有文人宅第、私家园林和风景建筑、书院、书斋等;代表俗文化的民间建筑主要有民居、商铺、祠堂、会馆、民间庙宇等。

不同功能类型的建筑所服务的对象不同,也就决定了它属于哪一种文化类型和文化风格,这是我们在做古建筑设计时必须特别注意的。在设计之前首先要根据建筑的性质来选定建筑所属的文化类型,根据其文化类型再决定建筑的风格。若是皇家宫殿和地方衙署建筑,就必须表现威严的气势,必须遵守等级规制;若是私家园林、书斋,就必须体现文人建筑清新淡雅、朴素恬静的意趣,断不可豪华壮丽;若是祠堂、会馆,就一定要表达民间艺术追求福寿安康的特点,极尽华丽的装饰和热烈的气氛。

然而,有一些建筑类型一般人不知道它们的性质和文化背景,在建筑设计时是最容易导致错误的。例如孔庙(文庙)和五岳庙就是如此。孔庙,有的地方也叫"文庙",是祭祀孔子的场所。由于孔子创立的儒家学说自汉代开始被确立为国家正统思想后,孔子被尊为先圣先师,受到历代朝廷的尊奉。汉高祖刘邦以太牢之礼祭孔子,开了皇帝以最高礼仪祭孔的先例。唐代开始规定全国各地官办学宫(学校)"祭奠先圣先师",于是各地府、州、县学宫普遍建庙祭孔。唐代封孔子为"文宣王",孔庙又称"文宣王庙",简称"文庙"。因祭孔礼仪是国家规定的皇家礼仪,所以全国各地的孔庙(文庙)建筑都享受皇家建筑的礼遇。可以用只有皇宫才能用的最高等级的重檐庑殿式屋顶;可以用只有皇帝才能用的最高开间数——九开间;可以用皇家建筑享有的色彩——红墙黄瓦;文庙大殿前的台阶可以做最高等级的台阶式样——丹墀(皇宫前台阶正中雕有云龙图案的斜坡道);梁柱雕刻彩画可以装饰只有皇帝才能用的图案——龙。所有这些都说明孔庙(文庙)建筑属于最高等级,其级别完全等同于皇宫建筑。而且凡做文庙,就必须按照皇家建筑来做,例如湖南长沙的岳麓书院,左边文庙右边书院,两条轴线上的建筑色彩完全不同,文庙红墙黄瓦,书院白墙灰瓦,形成强烈对比(见图 1-24),因为书院是文人建筑,文庙是皇家建筑。

五岳庙也是如此,在中国传统观念中,东、南、西、北、中五方分别由不同的天神地祇来管理,五方大神分别居住在东岳泰山、西岳华山、南岳衡山、北岳恒山、中岳嵩山上。历代皇帝为了求得五方大神帮助管理江山社稷,保佑风调雨顺、国泰民安,都要以皇家礼仪祭祀岳庙。或皇帝亲往,或委派朝廷大臣前往致祭。因此,东、南、西、北、中五大岳庙均属皇家祭祀场所,其建筑也享受皇家建筑的礼仪待遇,建筑式样、装饰等各方面都可采用最高等级的形式(见图 1-25)。

另外,寺庙建筑也有皇家赐建的寺庙和一般民间寺庙的区别。住宅府第也有官僚的、富商的、文人的或普通百姓的;有追求豪华的,有雅致素朴的,也有附庸风雅的。总之,要把握建筑的式样、类型、风格,一定要理解其文化内涵和文化背景。

图 1-24　岳麓书院全景

图 1-25　泰安东岳庙大殿
(《中国美术全集：建筑艺术编 6·坛庙建筑》,白佐民等)

1.2.3 古建筑设计过程中建筑形式和建筑风格的选择

古建筑设计首先面临的就是建筑类型和风格的选择问题,例如何时用殿堂,何时用楼阁,何时用亭、轩、榭;又如什么场合用歇山顶,什么场合用卷棚顶,什么场合用攒尖顶。这些基本的选择决定建筑的风格特征。

建筑类型、风格的选择是否正确,在于设计者对古建筑各种类型、式样、形式的了解和把握。

在建筑类型方面,宫殿、衙署、坛庙、寺观、城楼、祠堂、陵墓等建筑属于国家政治、宗教祭祀、纪念等性质的建筑,其风格应该是雄伟、庄严、肃穆的;建筑形式大多以殿堂为主;建筑式样以歇山、庑殿等大型建筑为主,两侧的厢房和辅助建筑则大多使用悬山、硬山式样。

园林、民居、书院等建筑属于可满足居住、游息、读书等需要的建筑,其风格应该是平和的、亲切的、舒适的;建筑形式较少采用殿堂,而多用厅、轩、楼阁、亭、榭之类;建筑式样多用悬山、硬山、卷棚、攒尖等小型建筑的屋顶式样,只有少数主要的建筑采用歇山式屋顶。

店铺、会馆等建筑商业特点较明显,其风格是活泼、热闹、华丽;建筑形式多采用牌楼式大门,中心建筑多用殿堂或厅堂,后部多用楼阁;其建筑式样多用歇山式和具有地方特点的封火山墙式硬山。

在古建筑设计中,建筑形式和风格的选择极为重要。一般人们可能认为,凡古建筑只要雄伟、华丽就好,其实不然。古建筑应根据其所属的类型来决定其风格,该雄伟时雄伟,该秀丽时秀丽,该豪华时豪华,该朴素时朴素,总之,要得体适宜。例如园林建筑就决不能雄伟庄严,而要秀丽亲切。如果是皇宫、衙署,就决不能秀丽亲切,而一定要雄伟庄严。又如,文人士大夫的私家园林,表达的是文人雅士脱离尘世、向往自然的超脱心境,因此,做这类建筑就决不能追求豪华艳丽,而应朴素淡雅,甚至常做茅屋草亭,这样才能体现文人的雅趣。总之,建筑形式和建筑风格选择的正确与否,直接决定古建筑设计的成败。

1.3 古建筑的时代特征和地域特征

1.3.1 中国古代建筑的时代特征

古代建筑的风格并不是一成不变的,其在不同的历史时期、不同社会发展阶段表现出不同的时代特点。不同时代的风格特征是由一个时代的政治、经济、文化等多方面因素决定的。例如,秦汉时代和唐代同样都是我国国力强大的时代,但是秦汉的风格和唐代的风格就不一样。秦汉的强大以军事的强大为特征,其艺术风格表现出威猛的特点。我们今天虽然已经看不到秦汉时期的地面建筑,但是从秦陵兵马俑、汉代陵墓石雕和砖石构件,就可以看出其威猛强壮的风格特征。唐代的强大是政治的强盛和文化的发达,其建筑风格宏大壮丽。我们从今天保存下来的仅有的几座唐代建筑、保存下来的日本唐风建筑、唐代墓室壁画中的建筑形象,以及对考古发掘的唐代宫殿遗址的分析研究都能感受到唐代建筑的宏大气势。宋代是一个很特殊的朝代,在政治和军事上空前柔弱,面对北方少数民族的进攻节节败退,直到最后灭亡。但是在经济和文化上却非常繁荣,取得了很大的成就。在经济上,宋代是中国古代商品经济发展的第一个高峰,经济的繁荣甚至不亚于唐代;在文化艺术方面,宋代的文学艺术(尤其是绘画艺术)成就超过了以往任何一个朝代。因此,宋代的建筑呈现出华美的风格,其造型式样丰富,色彩装饰华丽,工艺技术精美,但是没有了唐代的那种雄浑博大。清代是中国封建社会的晚期,政治经济等各方面都在走向没落,虽然也有清朝初期的短暂繁荣,但是毕竟难以扭转衰落的总体趋势。尤其与此时已经崛起的西方相比,清王朝更是日薄西山。就建筑本身来说,官式建筑自从宋代有了一个较完整的总结以来,到清代更加走向程式化、定型化,似乎没有了太大的发展余地。相反,这时期的民间建筑,例如各种地方特色的民居、庙宇、祠堂、会馆倒是生机勃勃地发展,取得了丰富的成果。

建筑的风格是由建筑的造型和装饰等方面决定的。例如,柱子的高度和直径之比,显示粗壮和纤细的对比。秦汉墓葬中的石柱极其粗壮,高径比达到了 6:1 甚至 4:1,使人感到异常雄壮威猛;唐代建筑的高径比为 8:1,仍然很粗壮雄伟;从宋代开始,柱子开始变得细长,高径比为 9:1;到了清代,柱子高径比达到 10:1、11:1,柱子越细就越显得没有气势。又如斗拱的大小,也是决定建筑风格是否雄浑大气的一个重要方面。斗拱的大小不是按绝对尺寸的大小来计算,而是按斗拱和建筑的比例来计算的。具体来说,就是看斗拱在建筑檐口下所占的比例,或者斗拱和柱子高度的比例。唐代建筑的斗拱最大,在建筑檐口下占掉 1/3 的高度。宋代斗拱开始变小,元、明、清一代比一代小,到清代斗拱只占檐口下 1/6~1/5 的高度。斗拱大则屋檐挑出深远,建筑形象显得舒展,气势大。斗拱小则屋檐出挑浅,建筑形象显得局促。唐代建筑之大气,主要就是因为其斗拱宏大,出檐深远,所以造型舒展,大气磅礴。

不同时代,建筑造型的变化各有不同,例如,屋顶的坡度,唐代的屋顶坡度比较平缓,宋代屋顶坡度开始变陡,到清代最陡。

建筑装饰也体现建筑的时代风格。唐代建筑装饰较简单,没有彩画,基本上就是涂一层单色的油漆,建筑显得简洁大方。宋代开始注重建筑的装饰,有了彩画,色彩也比较艳丽。而越到后来,装饰越复杂,反而失去了那种大气度。

做古建筑设计,一定要把握好隐藏在建筑背后的文化意义,同时还要理解建筑的造型、比例、装饰等各方面在表达建筑风格时所起的作用。今天要设计某一时代特征的建筑就应该把握那一时代的文化特征,要领会其精神,而不只是简单地形象上的模仿。

1.3.2 中国古代建筑的地域特征

1.历史和文化背景

中国国土辽阔,不同的地理气候条件和多样的地域文化,经历漫长的历史积淀,形成了中国古建筑丰富的地域特色。大到建筑的平面布局、整体造型,小到建筑的细部装饰,处处体现出不同地域的不同特征。然而,中国古代建筑的地域特征最明显的差异就是南方和北方的差异,这种差异从中国建筑最初起源之时,就已经孕育其中了。

中国古代建筑的起源,应该说是有两个源头。一是北方黄河流域,一是南方长江流域。然而,南北两地的地理气候条件完全不同,北方寒冷干燥,南方炎热潮湿,导致了中国建筑自最初起源的原始时代起,就有了南北方的差异。北方地区的先民"穴居野处";南方地区的先民"构木为巢"。北方建筑的形成是穴居—半穴居—地面建筑,其典型实例是陕西西安半坡遗址(从半穴居到地面建筑发展过程中的实例)。南方建筑的形成过程是巢居—干栏式—地面建筑,其典型实例是浙江余姚河姆渡遗址(7 000年前最早的干栏式建筑遗址)。北方建筑起源于"土",是地里面长出来的;南方建筑起源于"木",是树上掉下来的。北方建筑风格是厚重敦实的"土"的风格,南方建筑的风格是轻巧精致的"木"的风格。即使后来建筑技术发展,南北两方都采用同样的建筑材料的情况下,建筑风格上的这种差异仍然明显存在,我们今天看到的北方建筑仍然是"土"的风格——厚重敦实,南方建筑仍然是"木"的风格——轻巧精致。而其他所有各种各样的地方风格,都是以这两大风格体系为基础的。

另外,文化历史也是建筑地域特点形成的基础。中国古代风土人文的差异很早以前就存在,早在商周春秋时代,各诸侯小国就有着不同的民俗民风和文化历史。春秋时代成书的、我国最早的一部诗歌总集《诗经》,分为"风、雅、颂"三大部分,其中的"风"就是史官们到各诸侯国调查情况,采集民风民谣而集成的,如《秦风》《齐风》《郑风》等。当时的所谓"风",也可以看做是艺术风格的表现之一。而从大的范围和总体特征来看,当时中国大地上文化艺术风格最具代表性的也是两大风格,一是北方的中原文化,一是南方的楚文化。中原文化的风格是现实主义,其代表作是《诗经》。其内容全都是描写社会政治、劳动生产、日常生活、男女爱情等现实生活的场景。与中原文化不同,楚文化的风格是浪漫主义。其代表作是《楚辞》,内容多写的是天上地下的神界故事。楚文化的代表人物屈原被流放,就在今湖南西部北部旅行,期间看到巫师祭神活动,从中获得艺术的启示。屈原的著名作品《九歌》就是直接来源于巫师祭神的歌曲,屈原的《离骚》《天问》《招魂》以及宋玉的《九辩》等这些楚辞名篇,也都是以这种楚地巫文化为基础的。楚文化及其艺术有着强烈的浪漫色彩,但是它没有成为中国文化的主流。中国文化的主流是中原文化,因此,中国古代艺术始终以现实主义为其基本特征。在文学艺术领域,由于统治者的推崇,现实主义的文化艺术占据了绝对的统治地位。但是在建筑艺术中,情况则有所不同,因为建筑并不是直接表达思想意识和情感,其表现形式也比较含蓄,因此即使不是统治者倡导的,它也能在地域建筑文化中得以保存。北方建筑的敦实厚重、朴实无华,正是现实主义艺术的风格特征;而南方建筑精巧、绚丽、灵秀的造型,正是浪漫主义情调在建筑艺术中的体现。

2. 地域特点的表现形式及其形成的原因

上面论述的是中国古代建筑的地域特色之所以形成的基本背景,然而地域特点的形成有着多方面的具体原因,其中比较重要的原因有地理气候、历史社会、生活方式、风俗习惯、宗教信仰等。

地理气候条件是建筑地域特点形成的首要原因。北方寒冷,干燥少雨,所以人可以住在洞穴之中,古书中记载上古先民"穴居野处",古代的"穴居",延续到今天的窑洞住宅,都是这种地理气候条件下的产物。南方炎热,潮湿多雨,植物茂盛,多虫蛇,所以人们尽可能住在高处,于是就有"巢居",这就是史书中所说的"构木为巢"。由巢居再发展为干栏式建筑,下层架空,人居上面,防潮防虫蛇。山区平地少,耕地宝贵,干栏式住宅可建在山坡上,既防潮,又节约耕地,一举多得。

北方寒冷少雨,因此,北方住宅较矮小,墙壁厚,屋顶厚,利于保暖,屋檐出挑短浅,庭院宽阔,不需防雨,又可多获得日照。南方炎热多雨,所以住宅较高且开敞,屋顶、墙壁薄,利于通风散热,屋檐出挑深远,庭院(天井)狭小,既遮阳又遮雨。

社会历史原因也是建筑地域特点形成的原因之一。中国古代的战争大多是发生在北方和中原地区,因为战争的缘故,大量北方和中原地区的汉人整家族甚至整村落地南迁,进入到南方比较偏远的地区,这些人被称为"客家人"。他们为了自我保护而建起特殊的住宅——土楼。这种自我保护性的住宅建筑,成了福建、江西、广东等古代移民较多的地方的特殊建筑形式。

生产生活方式对民居建筑的地域特点的形成有重要影响,如游牧民族逐水草而居的迁徙是他们特殊的生产和生活方式,而毡包式建筑就是适应这一生活方式而产生的,从而形成其独特的地域特征。朝鲜族保留了古代席地而坐的生活方式,这也是促使朝鲜族民居低矮的特点。

宗教信仰也很大程度上影响到建筑的地域特色。一个地方的宗教信仰,包括其信仰的对象、祭祀的方式等都有其不同的特点。例如,山西、陕西人崇敬关羽,因此山西、陕西人在全国各地建的会馆都叫"关帝庙";福建人崇敬妈祖,所以福建人在全国各地建的会馆都叫"天后宫"。

艺术风格的地方特色是由文化的因素在长期的历史积淀中形成的,这种艺术风格在建筑中主要体现在建筑的造型、工艺、装饰等方面。如前所说,中原文化的现实主义在建筑艺术中表现出质朴、稳重的风格,所以北方建筑的屋顶翘角比较平缓(见图1-26);南方楚文化的浪漫主义在建筑艺术中表现出精巧灵秀的风格,于是南方建筑的屋顶翘角翘得很高,而且做出各种奇异的形状(见图1-27)。北方的硬山式建筑其山墙造型朴实,种类也很少,基本上只有一种"人"字形山墙(见图1-28);而南方的硬山式建筑的封火山墙则造型丰富多彩,每个地方都不一样;有的造型非常奇特,也明显地表现出浪漫的情调(见图1-29)。在建筑装饰方面,北方建筑比较本分地使用传统规制中的红、黄、蓝、绿的颜色,彩画也按照规矩使用和玺彩画、旋子彩画和苏式彩画;而南方建筑的装饰则不太受规则约束,色彩用得很随意,彩画也不按规矩,常用自己创造的各种图案花式。雕刻装饰也是如此,北方的雕刻比较粗犷,南方的雕刻比较精细。这又和材料工艺的历史有着密切的关系,北方建筑起源于"土",从穴居、半穴居发展到使用砖石和木材,其加工工艺比较粗略,技艺发展比较晚;南方建筑起源于"木",木材的特性之一就是利于加工制作,南方人从巢居、干栏式发展到砖木混合,对木材的加工制作很早就开始了。从最初比较笨重的榫卯结构,发展到精致并富有艺术形象的雕琢。

从地理气候、材料工艺到文化艺术的风格气质,多方面的因素形成了今天我们看到的中国古建筑丰富多彩的地域特色。

图1-26 北方建筑屋角

图1-27 南方建筑屋角

图1-28 北方"人"字形山墙

图1-29 南方弓形封火山墙

2 古建筑设计的技术经济和生态问题

2.1 古建筑常用材料及其构造特性

2.1.1 中国古代建筑用材与地理气候条件的关系

中国幅员广阔,覆盖包括亚热带、温带、亚寒带等气候带,即使同一纬度,各地因地形差别气候也会不同。我国古代劳动人民因地制宜,适应当地地理气候条件,形成了较为成熟的地区建筑用材体系。如北方和西北寒冷干旱地区发展出生土建筑和夯土建筑;中原地区在古时生长着茂密的森林,木材就逐渐成为主要建材;温暖潮湿的南方,除木、砖、石外,还利用竹子和芦苇;在石料丰富的山区,用石块、石条和石板建造房屋。这样,在不同地理气候条件下,形成了中国古代建筑用材的多样化倾向。

2.1.2 材料的性能和特点

中国古建筑主要使用的材料是木、砖、石、土等,各种材料有着各自不同的物理特性。

木材是中国古建筑应用最多的材料,其特性是产地广,可就地取材;易于加工、装配;材质柔韧,抗震性能和热工性能均好。尤其是抗震性,木结构可以在很大的倾斜程度下不倒塌。中国古代建筑用木材作结构材料,用土、砖、石作墙体填充材料,在地震中,墙体倒塌了,而木柱木构架支撑的屋顶却依然屹立不倒,这就是俗话所说的"墙倒屋不塌"。木结构的这种特性一是由于木材本身的韧性,二是由于榫卯结构之间的互相牵制。例如,山西应县的佛宫寺释迦塔(应县木塔),全木结构,高达60余米,是古代的摩天大楼,建于辽代,距今已近千年。据史书记载,这一地方曾经历过多次地震,它却依然屹立,这就是木结构稳定性的典型实例。

木材既可作结构材料,又可作围护材料和装饰材料,应用广泛。但是古建筑用木材作墙体围护材料存在一个缺点,即隔声、隔热、保温性能不好。这主要是由于过去的建筑,尤其是南方地区的传统民居,往往只用单层木板的缘故。如果今天做木构建筑,只需在内外两层木板壁中间填充隔声、保温材料即可解决这类问题。

在古建筑所用木材中又分为结构用材和装修用材,或者叫大木作用材和小木作用材。结构用材或大木作用材一般用杉木,其树形较直,利于做柱梁枋等大构件,但材质较软,纹理和纤维较粗,不利于雕刻。古代宫殿建筑有少数是采用楠木作结构用材,因其造价昂贵,因此只有皇宫才有可能使用。装修用材或小木作用材一般要用比较硬的木材,如樟木、梓木、榉木等。这类木材纹理较细,材质硬,可以雕刻。这类木材的触摸手感好,在建筑常被人触摸的部位,例如,栏杆扶手、窗台、门框等处应尽量采用这类硬质木材(见表 2-1)。

表 2-1　古建筑常用木材种类及其特性

树　种	硬　度	特　性	适　用
针叶树类 杉木	软	纹理直、韧而耐久、易加工	柱、梁、枋、檩子、椽子
冷杉	较软	纹理直、易干燥、少开裂、耐腐性较低、易加工	屋架、檩条、门窗
云杉	较软	纹理直、面均匀细致、有弹性、耐久性中等、易加工	门窗、家具
红松	较软	纹理直、耐水、耐腐、易加工	门窗、家具、屋架
落叶松	软	纹理直而不匀、有弹性、耐水	桩木、檩、柱
阔叶树类 水曲柳	略硬	纹理直、花纹美、结构细	家具、室内装修
柞木	硬	纹理斜、结构粗、光泽美	地板、家具
桦木	硬	纹理斜、有花纹、易变形	家具、室内装修
椴木	软	纹理直、质坚耐磨、易裂	木雕
樟木	略软	纹理斜或交错、质坚实	家具、木雕
榉木	硬	纹理直、结构细、花纹美	家具、木雕
黄杨木	硬	纹理直、结构细、材质有光泽	木雕
楠木	略软	纹理斜、质细、有香气	上等家具、高级装饰、细木工、宫殿
榆木	中等	纹理直或斜、结构粗、易弯曲加工	楼板、家具、弯曲构件、旋制品
国外木材 红檀木	硬	纹理斜、质坚有光泽、不易加工	家具、木雕
紫檀	硬	纹理斜、极细密、不易加工	家具、木雕
花梨木	硬	纹理粗、质细密、花纹美	家具、木雕
乌木	坚硬	纹理细密、耐磨损	家具、木雕

　　土是中国古建筑最原始的材料,最早的穴居和后来的窑洞类生土建筑,很好地利用了土的自然属性,即利用厚土保持的地温与外界气温隔绝,冬暖夏凉。一类用作建筑的是夯土,用生土去杂质,或掺入石灰、砂子搅拌,称为"三合土",然后进行夯筑。地面分层夯筑拍打,墙体则用板箱夹固,层层夯筑而上(见图 2-1)。另外还有一类,即土坯砖建筑,这类建筑在南方很多地方今天还在继续沿用。南方的土坯砖一般直

接使用水稻田里的田泥,掺进稻草套模制作,晒干后直接砌筑。三合土和土坯砖建筑仍然保留着土的特性,隔热保暖性能好,冬天暖和,夏天凉爽。在西北和东北一些地方有用土做屋顶的习惯,先在墙上搭木檩条,上铺木板,木板上铺草,草上再铺泥土拍紧,这也有很好的保暖隔热效果。

砖在中国古代建筑中很早就得到了广泛的应用。砖有很多优点,与木材比耐潮湿、耐腐蚀,与土相比更坚硬、耐压、耐水浸。烧制技术成熟以后,砖可以大量制作,成本较低;砖块较小,利于砌筑各种形状,尤其是拱券。由于这些优点,古代的砖除了一般建造房屋以外,也较多地用于陵墓地宫、城市地下工程,如给排水设施等地下建筑或建筑的基础、台基等。

图 2-1　古代壁画上夯土筑墙的场景

砖砌建筑的最大缺点是抗震性差,若有地震,最先倒塌的就是砖砌建筑。1923年日本关东大地震,东京市内的砖砌建筑几乎全部倒塌,损失惨重,自此以后,日本不再建造砖建筑。另外,从今天生态环境保护的角度来看,砖建筑也很不符合生态环保的要求。

石材也是中国古代建筑常用的材料。石材的特性是坚固耐久,抗压强度大,耐水防潮,防腐蚀。质量好的石材可做雕刻,是建筑装饰的重要材料。由于这些特性,石材在建筑中的用途很广,主要用于建筑的柱、柱础、墙、城墙、台基、踏步、栏杆、陵墓地宫、城市地下工程、坊表、桥梁、塔幢等。石材主要的缺点是来源有限,加工难度较大,因此,一般不可多用。南方有少数盛产石材的地方,民居建筑就地取材,做全石结构,石板地、石墙、石板瓦等,当然这种建筑方式只是简单的粗加工,成本低廉(见图2-2)。

2.1.3　材料的选择和建筑风格

材料不仅具有物理的、技术的特性,还具有历史的、文化的特性,所以建筑材料的选择直接影响建筑风格。

石材的物理性能比砖好,给人的感觉是坚固、笨重,因此,用石材做建筑就使人觉得稳定、坚固耐久。用石材建城墙给人固若金汤之感。石材用于建筑,其材质好,然

图 2-2　湖南凤凰县营盘石头寨

而数量少,加工难,因此,采用石材在古代是比较奢侈的,一般老百姓的住宅是很少用石材的,只在柱础、门框等特别重要的地方用一点。而重要的建筑则在台基、踏步、栏杆、柱础甚至整根柱子等处大量使用石材,有的还用很高级的石材,如宫殿建筑最常用的是汉白玉石。因此,石材的用量、品质往往是衡量建筑规格高低、重要程度、豪华程度的标志之一。

建筑材料的使用是有历史性的,不同时代选用的材料不同。例如,在制砖技术上中国古代虽然很早就取得了很高的成就,但是当时制作技术尚不普及,用砖还是比较奢侈的事情。秦汉时期修长城主要是土筑,今天在西北地区还有少量秦汉长城的遗存,真正大量用砖砌筑城墙是从明代开始的。因此,如果我们修秦汉长城,就不能用砖,而要用土。土很质朴,砖则精细,用砖反失去了秦汉的风格。又如,砖有青砖、红砖之分,青砖一般是柴火烧制,大小规格和功能性质可以完全不同,有城墙砖、地面砖、墙砖等,形状、尺度都相差很远。红砖是用煤烧制的,其工艺是近代从西方传入的,基本上只有机制的墙砖,形状尺寸都相差不远,用红砖砌筑建筑也是近代以后西洋风格的做法。因此,我们在设计建筑的时候,是用红砖还是用青砖,用什么样的青砖都必须和建筑的形式、风格结合起来考虑。

2.2　建筑材料的选择与生态环境保护

2.2.1　建筑材料的自然生态观

今天我们做建筑设计必须要注意的一个重要问题就是生态环境问题,做古建筑设计也是如此。任何建筑材料都是来自于自然,古代人口少,地球资源相对于人口数量来说可以说是取之不尽的。但是在人口"爆炸"的今天,自然资源与人口数量相比已经是非常有限的了。而建筑业又是消耗地球资源最大的行业之一,因此作为建筑设计者不能不考虑这一严肃的问题。

中国古人非常注重人和自然的和谐相处,古代各种哲学流派,在政治观、道德观等方面千差万别,但在自然观方面却惊人的相似。儒家思想中的"天人合一",道家哲学的"道法自然",其他各家学说在人与自然的关系问题上也都是顺应自然、尊重自然。按照自然规律做事,不破坏自然是人们自觉遵守的信条,即使是老百姓的日常行为也都如此。例如,古人砍树"必以时",所谓"必以时",就是要选择合适的时候,不能随意乱砍滥伐。有两层意思:① 选择已经成材的砍伐,不能砍伐尚未成材的树木;② 砍伐树木必须在秋冬两季,而不能在春夏树木生长的季节中伐木。古人所谓"春生,夏长,秋收,冬藏",即按照自然规律,在适当的时间,做适当的事情。用今天的眼光来看,这就是生态的观念。

和建筑相关的生态观念,不仅仅要注意建筑和周围自然环境的关系,还要注意建筑材料和自然的关系,后者甚至比前者更重要。

2.2.2　建筑材料和自然生态的关系

从生态原则来看建筑材料,可分为以下三类。

① 可自然再生的材料,这类材料是最生态的。如木、草等材料,从自然中生长出来,最后用完又可回到自然中去,形成一个自然大循环的生态系统。我国从 20 世纪 50 年代的"大跃进"以来持续的森林减少,生态破坏,关键在于只砍树不种树,这种情况今天仍然在继续着。

② 不可自然再生,但可回收利用的材料。如金属、玻璃、石材等,自然矿藏挖一点少一点,不可再生,但是使用过的废金属、玻璃和石材还可以回收再利用。这种只能算是社会的小循环。

③ 不可自然再生,不可回收利用的材料。这类是最不生态的材料,如混凝土、砖瓦、陶瓷等。这类材料从自然界获取,通过冶炼烧制等技术加工,改变了材料原来的自然性质,但是使用完废弃以后,既不能回归自然,又不能回收利用。

中国古建筑用材主要是木、砖、土、石等,而现代仿古建筑中则大量使用钢、混凝土、玻璃以及其他金属材料。从总体来看,传统的建筑材料符合生态原则的占多数,现代材料符合生态原则的占少数。

木材从自然中来,又回到自然中去,当然是最生态的材料。

土也是生态的材料,因为它也可以回到自然中去。

石材来自于自然,虽然不能再回到自然中去,但是用过的废弃石材可以再利用。

砖是比较不生态的材料,它不但要消耗大量的黏土,还要消耗大量的燃料,尤其是过去的青砖,需要烧掉大量的柴火。而更重要的是废弃以后的砖渣不能再回到自然,也不能再利用,给自然环境带来破坏。因此,在古建筑设计的材料选择上应尽量少用黏土砖;如果要用,也可以收集旧建筑上拆下来的旧砖块。

在现代仿古建筑常用的材料中,钢、玻璃和其他金属都属于第二类,不可再生,但是可以回收再利用。废金属和废玻璃都可以回收再冶炼,做成新的材料。但是,回收再冶炼还是要消耗煤炭、石油等能源,而且冶炼过程还要带来环境污染。

混凝土是最不生态的建筑材料。它的生产需要消耗大量的自然资源和能源;其生产过程会对空气、水体等造成严重污染;用混凝土建造的建筑,埋入地下的混凝土会严重碱化周边土地,导致周边植物死亡;作为建筑材料的混凝土被废弃以后很难回收再利用,也不能回归自然界。因此,从生态的观点出发,应尽量少用混凝土。

2.2.3 木材的生态优越性

中国古代建筑的主要材料是木材,从地球资源和自然生态的未来发展来看,未来最符合生态原则的建筑材料还是木材。在此,我们需要特别解释一下木材作为建筑材料的生态优越性。

① 一般人们所理解的木材生产往往就是砍伐,事实上,木材生产首先应该是种植,种植生长到一定数量的时候才砍伐,砍伐的同时再种植,种植的数量超过砍伐的数量,形成种植和砍伐的良性循环,就会有取之不尽的木材。这样一来,木材的生产不但不会破坏环境,反而会改善环境。

② 木材的生产不需冶炼、烧制,不消耗能源,也不会带来环境的污染。

③ 木构建筑废弃后可以回归自然,不会给环境带来压力。

④ 木构建筑对人体无害,经研究发现,有很多木材对人体健康有各种益处。

⑤ 木构建筑寿命长。一般人都认为木构建筑易腐蚀,不耐久。而实际上只要保护得好,木构建筑的使用寿命比砖石、混凝土建筑还要长。今天保存下来的那么多古建筑,有几百年的,还有上千年(唐代)的。虽然它们作为文物,应受到重点保护,但是事实上也并没有什么特别的措施去对它们进行维护。更何况有很多农村偏远地区的民间古建筑,并没有被当作文物来保护,这类建筑数量很多,一般都在百年以上。这说明木材本身就可以有这么长的寿命。而反过来,我们今天的混凝土建筑,其理论上的寿命也不到一百年。

木构建筑唯一的缺点就是耐腐蚀、耐虫蛀性差,需要保护,与砖石、混凝土相比,木材比较容易被腐蚀、被虫蛀,但是这也是相对的。

下列表中所列木材的物理力学性能和耐腐蚀、耐虫蛀性能,可供设计选材时参考（见表 2-2～表 2-4）。

表 2-2　我国主要用材树种的物理力学指标

树　种	密度（气干）/ （g·cm⁻³）	顺纹抗压强度/ Pa	抗弯强度/Pa	抗弯弹性模量/ kPa
臭冷杉	0.384	3 350	6 510	960
杉木	0.371	3 780	6 380	960
柏木	0.600	5 430	10 050	1 020
黄花落叶松	0.594	5 230	9 930	1 270
长白鱼鳞云杉	0.467	3 810	8 930	1 270
红松	0.440	3 340	6 530	1 000
马尾松	0.519	4 440	9 100	1 230
樟子松	0.477	3 680	7 130	1 000
侧柏	0.618	4 360	8 900	760
色木	0.709	4 880	10 960	1 340
白桦	0.607	4 200	8 750	1 120
红桦	0.597	4 530	9 250	1 080
香樟	0.580	4 160	7 510	920
黄樟	0.505	3 380	6 570	960
黄檀	0.897	6 860	15 980	1 840
水曲柳	0.686	5 250	11 860	1 460
核桃楸	0.526	3 670	7 860	1 020
泡桐	0.309	1 880	4 050	630
毛白杨	0.525	3 900	7 860	1 040
柞木	0.748	5 450	11 860	1 320
旱柳	0.588	4 130	9 720	910
槐树	0.702	4 590	10 540	1 040
紫椴	0.458	3 380	6 360	950

表2-3　常用树种的天然耐腐性

耐腐等级	树　种	
	针　叶　材	阔　叶　材
强耐腐蚀	长柏木、落叶松、柳杉、银杏、圆柏、侧柏、红杉	蚬木、铁力木、红椎、滇楸、福建青冈、荔枝、白栎、槐树、苦槠、香樟、白石梓、桑木、刺槐、枣木
耐腐蚀	杉木、红松、马尾松、铁杉、油杉、樟子松、金钱松	相思树、合欢、茅栗、野桉、苦楝、黄连木、麻栎、红椿、山合欢、黄樟、水曲柳、柞木
稍耐腐蚀	岷江冷杉、川西云杉、雪松、红皮云杉、油松	色木、楹树、白蜡、拐枣、黄波椤、荷木、木麻黄、皂荚、木莲
不耐腐蚀	水杉、云杉、鱼鳞云杉、臭冷杉	臭椿、红桦、毛白杨、拟赤杨、白桦、大叶桉、米槠、山杨、达吉杨

表2-4　常用树种的天然抗白蚁性能

抗蚁蛀等级	树　种	
	针　叶　材	阔　叶　材
强抗蛀	福建柏、柏木、柳杉、侧柏	柠檬桉、蚬木、赤桉、红椿、柚木、枣木、刺槐、槐树
抗蛀	水松、广东松	大叶相思、银桦、香樟、川楝、麻栎、桑木、紫檀、滇楸、闽楠、苦楝、石梓、苦槠
稍抗蛀	落叶松、红松、水杉、红杉、银杏、油杉	枫香、兰考泡桐、山合欢、甜槠、栲树、木莲、蓝桉、硕桦、米槠、荷木
不抗蛀	鱼鳞云杉、云南松、马尾松、油松	柿树、丝栗、皂荚、泡桐、毛白杨、臭椿、酸枣、刨花楠、拟赤杨、山杨、黄杞、黄樟、水曲柳

2.3　古建筑材料的经济成本

2.3.1　材料选择与经济成本

古建筑设计的经济成本,与建筑材料的选择直接相关。

材料的经济成本主要应考虑材料本身的价格、运输和加工难度、施工难度、材料的使用寿命和维修成本等几个方面的问题。

① 材料本身的价格,即市场价格。影响材料市场价格的主要因素是材料来源是否充足,例如,目前我国木材价格较贵,而且预计这一情况在今后相当长一段时期内还将继续。这主要是因为我国过去很长的时间内不注意种树,而一味砍伐,导致森林资源匮乏。但是木材市场并不完全是由国内木材产量来决定,从森林资源较丰富的

国家进口木材,是一个重要的补充。而且随着人们环保意识的增强,植树造林,木材市场来源是会改变的。因为木材是可再生资源,只要种树,情况可以改善。而其他建筑材料基本上都是不可再生的,随着地球资源的日益减少,其价格也会增长。另外,在我们大量消耗地球资源的时候,我们还应考虑子孙后代可用资源的问题,也就是我们常说的"可持续发展的问题"。

②　运输和加工难度。在进行古建筑设计时,应尽可能采用当地的建筑材料,这样一方面能够很好地体现建筑的地方特点,同时也能降低建筑材料的运输成本。古代皇帝大权在握,他可以从全国各地调集最好的建筑材料,不惜成本。我们今天做古建筑没有必要,也不应该这样。设计之好坏,建筑品格之高低不在于材料之贵贱。能用普通的、当地的建筑材料,做出格调高雅的建筑,这就是设计者设计水平的体现。相反,有些建筑大量地使用贵重材料,并不能提高建筑的格调,甚至让人感到是借此掩饰设计者的无能。

材料的加工难度是在设计阶段就应考虑的。例如,木材是比较容易加工的,砖基本上是不需加工的,而石材则是加工难度较大的材料,而且,在古建筑中往往用石材的地方就必须进行装饰处理,在古建筑中石材经常是作为装饰材料来使用的。因此,在设计中采用石材就应该考虑其经济成本。

③　施工难度是建设成本的重要因素之一,而施工难度又和建筑材料有着密切关系。施工难度和前面所述加工难度有关,材料加工也是施工的一部分,但是除了加工以外,还有更多的其他因素影响着建筑的成本。例如,一般的木构建筑几乎可以不用任何机械,仅凭人工和简单的工具就可建成,而钢筋混凝土建筑则必须借助机械。又如,木构建筑自重较轻,基础相对比较简单,而钢筋混凝土建筑较重,对基础要求高。木构建筑用加工好的柱、梁、枋直接装配,简单易行。而若用钢筋混凝土仿木结构,先要用模板做成柱、梁、枋等构件形状的模子(见图2-3),再在模子里面扎钢筋,然后再浇灌混凝土,待其干透后再拆除模板,而被拆下来的模板一般也不能再用了。这全过程所耗费的材料和人工成本比木构建筑昂贵很多。

④　关于使用寿命和维修成本。古建筑一般来说都是有着比较重要的意义的,真正的文物古建筑当然是要尽量"延长其寿命",即使是其他有纪念意义的仿古建筑,也要考虑尽量延长其寿命。在维修成本方面,木构建筑最大优点之一是它的构件可替换,柱子坏了可以换一根,梁枋坏了也可以换一根,其维修成本最低,这一特点是其他任何建筑材料都不具有的。

2.3.2　材料的选择和处理

古建筑设计中不仅要注意材料的选择,同时还要注意材料表面的处理。

中国古代出于对木构建筑的保护大多采用油漆涂刷木材表面,南方农村地区多用桐油。油漆表面光滑,色泽艳丽,涂刷油漆使建筑显得高贵华丽。桐油呈黄色透明状,装饰性不强,建筑显得朴素,但是能够显出木材本身的材质纹理。现在也有透明

图 2-3 钢筋混凝土仿木构制模施工

油漆,而且可以是亚光,不发亮。木材本身的色泽纹理是一种自然美,若是采用了较好的木材,就应尽可能显出其材质本身的美。

混凝土仿古建筑的表面肯定是要刷油漆的,其主要目的是装饰而不是保护。但是在混凝土上刷油漆要特别注意其施工工艺,应在混凝土梁柱上蒙上粗麻布,再做底灰,然后做油漆,类似于古代做彩画的"批麻捉灰"的工艺,否则,混凝土上的油漆容易大片地剥落。

进行古建筑的石材表面处理应注意其材质纹理的表现。例如,花岗石,这是古建筑中用得最多的石材之一。古人加工花岗石,在粗加工成型以后,表面精加工的方法一般就是砍斧,也叫剁斧。这样处理过的花岗石表面既平整而又不过于光滑,手感比较粗糙。我们今天可以用机械来加工花岗石,用锯、刨、磨等方法加工出来的花岗石,平整光滑,尤其是现代的抛光技术做出来的所谓"镜面花岗岩",失去了花岗石本来的质感。因此,在古建筑设计中若采用花岗石,一定要注明表面砍斧,否则,用锯、刨、磨等现代方法加工的花岗石,与古建筑的风格是不相符的。由于花岗石的质地是粗糙的,因此,若要在其表面做雕刻也只能做比较粗放的花纹,不宜做精细的雕琢。

另外,如青石、石灰石、汉白玉、大理石等石材,各有各的材料性能,色泽、纹理、光洁度等都不一样,要根据使用的情况来处理。青石一般较多用来做地面,其特点是呈自然片状结构,不宜精细加工,尤其不能刨光、磨光,任其少许的自然凹凸,更能体现自然本色。汉白玉和大理石都属于高级石材,尤其是汉白玉,古代一般用于高等级建筑,如皇宫、坛庙等大型建筑前的台基、栏杆、踏道等,而且必做雕刻装饰,方显出其高贵的气派。与花岗石不同,汉白玉的雕刻就要做精细的、复杂的图案才可显出其美感。这些都是在设计时选择不同的材料时所要考虑的。

3 古建筑的平面布局设计

进行中国古建筑的平面布局设计,首先要知道中国古代建筑平面布局的特点。中国古代建筑平面布局的主要特点就是群体组合,简单概括起来就是:由若干单栋建筑组成庭院,再由若干庭院组成建筑群。中国古代建筑除了园林和风景名胜中的亭台楼阁以及塔幢以外,宫殿、坛庙、寺观、衙署、民居、书院、祠堂、会馆等无一不是由庭院组成的建筑群,几乎没有一栋单独出现的建筑。

中国传统建筑因为其特有的构架制度,通常先用立柱横梁构成屋架,然后加筑墙壁或隔扇以分隔平面,所以柱子也是其平面布置中最重要的元素。四根相邻柱子之间的面积,称为"间"。"间"是中国传统建筑的基本单元,其平面一般为矩形。而佛塔和园林建筑中的亭、榭、廊等一些特殊类型的建筑少受平面规制的约束,其单体平面形式多变,可以有正方形、圆形、十字形等几何形状平面。

中国传统建筑往往表现为群体性的建筑,大量矩形平面的单体建筑以不同方式组合,在适应不同地形时表现出相当的灵活性。同时,由于其单体自身的单元重复特征,在设计与工艺上得以相对标准化。就整体而言,重要建筑大都采用均衡对称的方式,以院落为单元,沿着纵轴线与横轴线布局,借助于建筑群体的有机组合和烘托,使主体建筑显得格外宏伟壮丽。园林建筑则多采用"因天时,就地利"的灵活布局方式,形式较为灵活。

可以说,中国古代建筑以"间"为基本单元。不同的间组成一栋建筑,由"间—栋—院—群—组群—街坊—城市"层级进行相应的单元形式的组合。

传统建筑还可分为官式建筑和民间建筑。在一些具体的平面形式选择上,各地的民间建筑中往往还会有一些独特的地方性做法与建筑文化特色。但在中华整体建筑文化的影响下,单体建筑的平面布局与群体的组合方式还是有共同的脉络可循。

3.1 单体建筑的平面布局设计

3.1.1 限定平面的结构构件

中国古建筑单体平面是受结构形式所制约的,所以在做平面设计时,首先就要从结构布置着手。

1. 柱

作为中国传统建筑中的主要承重构件,柱也是限定建筑平面的主要结构构件,平面的柱依其所在位置主要有以下五种(见图3-1)。

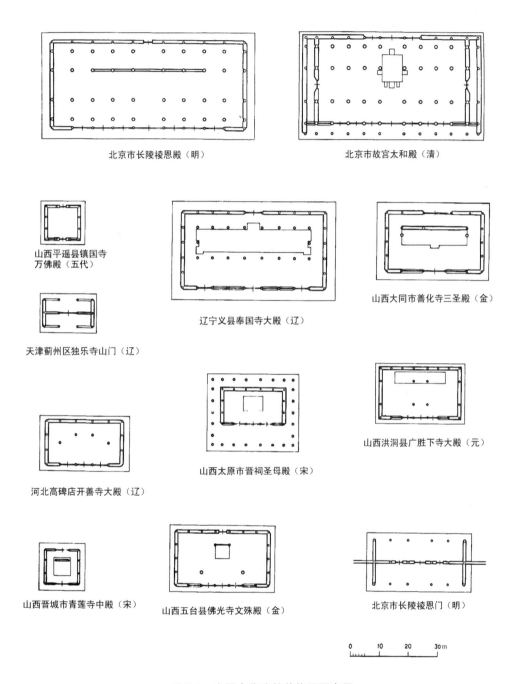

北京市长陵祾恩殿（明）　　　　　　北京市故宫太和殿（清）

山西平遥县镇国寺
万佛殿（五代）

辽宁义县奉国寺大殿（辽）

山西大同市善化寺三圣殿（金）

天津蓟州区独乐寺山门（辽）

河北高碑店开善寺大殿（辽）

山西太原市晋祠圣母殿（宋）

山西洪洞县广胜下寺大殿（元）

山西晋城市青莲寺中殿（宋）　　山西五台县佛光寺文殊殿（金）　　北京市长陵祾恩门（明）

0　10　20　30m

图 3-1　中国古代建筑单体平面布局

① 檐柱：檐下最外一列柱都是"檐柱"，但在四角上的称"角柱"。

② 金柱：在檐柱以内，除纵向中轴线上的都是"金柱"。其中，离檐柱近的叫"外金柱"，离檐柱远的叫"里金柱"，在重檐殿中支撑上檐的叫"重檐金柱"。

③ 中柱：在建筑纵向中轴线上而不在山墙上的是"中柱"。

④ 山柱：在建筑纵向中轴线上的山墙上的柱子就是"山柱"。

⑤ 童柱：童柱是在横梁上不落地的短柱，属于屋架部分的承重构件。因其不直接落地，在平面设计图纸上通常并不表现出来。但作为整体结构框架的组成部分，其位置仍需要仔细确定。

中国传统建筑体系经历了数千年演化，形成了模数化、标准化、坐标定位、装配化快速施工的特征。明确柱子位置名称，与中国传统建筑设计中的坐标化定位也有着明确的关系。同时，由于中国传统建筑的大木结构与现代柱网框架结构存在着很大的相似性，在进行传统建筑设计时，作为主要承重构件的柱子的位置，也就成为建筑平面图纸中轴网的定位依据。

柱子在平面上的定位，往往可以通过柱础位置来确定。在传统建筑中，不同位置的柱础也可以表现为不同的形式。柱础的大小与装饰复杂程度，也是反映所承载的柱子在平面中重要程度的一个方面。

2. 梁架与柱网的平面组织

中国古代官式建筑的屋架结构一般通过铺作层与柱网层连接成为一个整体，铺作层的平面形状就表现为分槽。由于斗拱的大小、尺寸通常也是中国传统大木大式建筑中的基本度量单位，因此可以认为官式建筑的平面尺寸，实际上是由其铺作层的尺寸所决定的。而不做斗拱的民间建筑，其平面柱网布置就相对自由些。

官式建筑平面体系常见的几种分槽（柱子轴线定位）形式有：金厢斗底槽、分心斗底槽以及单槽、双槽等。由于中国传统建筑大木作体系的整体性，梁架结构与柱网体系共同构成了传统建筑的骨架。分槽的本意并不是地平面上柱网的布置，而是柱顶铺作层的形式。因此，《营造法式》中绘制的分槽图式，实际上是仰视平面图。但若将槽视为基槽，即围绕柱下挖基槽，而柱作为屋顶与地基之间的传力构件，则凡传力者必挖地基，那么，在现代建筑设计图纸的常见表达方式中，分槽平面就可以表现为柱网平面了。此外，古时地基的特例是桩基，古称"地丁"。

对于源自《营造法式》的分槽平面，在此简单总结一下。

① 金厢斗底槽——平面柱网布置为内外两圈柱，多有矩形、八角形、方形等平面形式。实例如五台山佛光寺东大殿平面、蓟州区独乐寺观音阁等（见图 3-2）。

② 单槽——一排内柱将平面划分为前后大小不等的两区，实例如晋祠圣母殿（见图 3-3）。

③ 双槽——两排内柱将平面划分为前中后三区，前后两区大小相同，中间一区较大，实例如故宫太和殿（见图 3-4）。

④ 分心斗底槽——柱子恰在平面中列，将平面等分，简称为"分心槽"，如蓟州区独乐寺山门（见图 3-5）。

⑤ 副阶周匝——宋《营造法式》将建筑主体外围绕一圈柱廊称为副阶周匝，一般用于大殿及塔中。如太原晋祠圣母殿、山西应县木塔等（见图 3-6）。

殿阁地盘殿身七间副阶周匝各两架椽身内金厢斗底槽

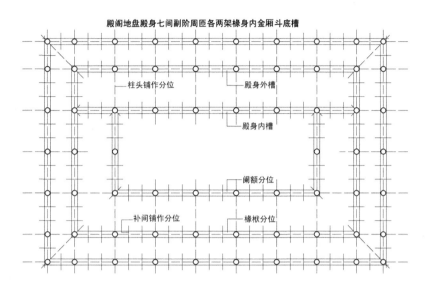

- 柱头铺作分位
- 殿身外槽
- 殿身内槽
- 阑额分位
- 补间铺作分位
- 椽栿分位

图 3-2 金厢斗底槽

大木作制度圖樣二十八　　殿閣分槽圖

法式卷卅一原圖未表明繪制條件，本圖按卷三卷四，文字中涉及開間、進深，用椽等問題繪制今說明如下：

1. 殿閣開間從五～十一間各種，有無副階未作規定。本圖選擇七間有副階之兩種狀況繪制；

2. 殿閣開間重分"若逐間皆用雙補間則每間之廣丈尺皆同，如只心間用雙補間者，假如心間用一丈五尺則次間用一丈之類，或間廣不勻，即每補間鋪作一朵

不得過一尺，本圖選擇每間之廣丈尺皆同及心間用一丈五尺次間用一丈之類兩種情況；

3. 殿閣進深隨用椽架數而定（法式規定從六架至十架）殿閣用材自一等至五等，鋪作等級爲五至八鋪作，本圖以不越出此規宇爲原則繪制；

4. 本圖僅屬爲說明殿閣分槽之類型舉例，故所用尺寸均爲相對尺寸，建築各部分構件亦僅示意其位置。

殿阁身地盘殿身七间副阶周匝身内单槽

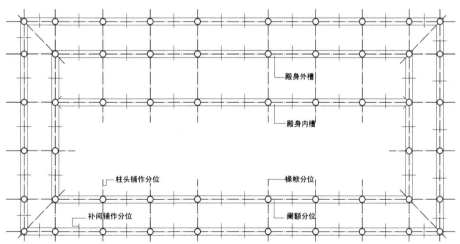

- 殿身外槽
- 殿身内槽
- 柱头铺作分位
- 椽栿分位
- 补间铺作分位
- 阑额分位

图 3-3 单槽

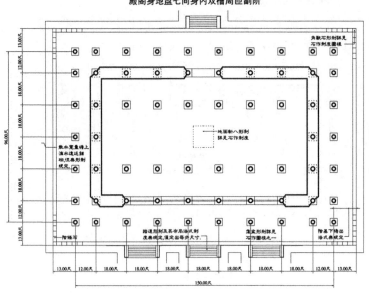

殿阁身地盘七间身内双槽周匝副阶

图 3-4 双槽

大木作制度图样二十九 　　殿阁分槽图

　　法式卷卅一原图未表明绘制条件，本图按卷三卷四，文字中涉及开间、进深、用椽等问题绘今说明如下：
1. 殿阁开间从五～十一间各种，有无副阶未作规定。本图选择九间无副阶及七间有副阶两种状况绘制；
2. 殿阁开间画分"若逐间皆用双补间则每间之广丈尺皆同，如只心间用双补间者，假如心间用一丈五尺则次间用一丈之类，或间广不匀，即每补间铺作一条不得过一尺，本图选择间广不匀当心间用双补间，其余

各间用单补间及开间相等逐间皆用双补间两种；
3. 殿阁进深随用椽架数而定（法式规定从六架至十架）殿阁用材自一等至五等，铺作等级为五至八铺作，本图以不越出此规定为原则绘制；
4. 本图仅属为说明殿阁分槽之类型举例，故所用尺寸均为相对尺寸，连幕各部分构件亦值示意其位置。

殿阁身地盘九间身内分心斗底槽

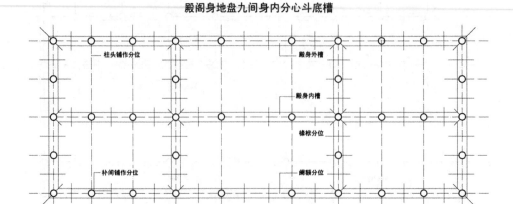

图 3-5 分心斗底槽

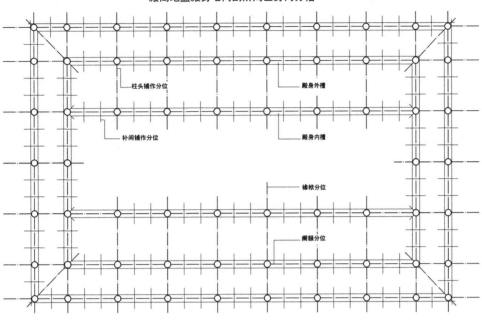

殿阁地盘殿身七间副阶周匝身内分槽

图 3-6 副阶周匝

其中,金厢斗底槽、单槽、双槽三种平面多用于大型官式建筑中的殿堂;而分心斗底槽一般用于寺观建筑的山门等场合;副阶周匝则多用于特别重要的殿堂建筑,在佛塔中也多有实例。

除了《营造法式》中记载的分槽图式以外,还有其他一些柱网平面的布置方式,常见的有满堂柱式、移柱造和减柱造等。

① 满堂柱式——柱网的交叉点上布满柱子,称为满堂柱式,如唐代大明宫麟德殿,其柱距通常较宋代以后的分槽平面柱距为小。

② 移柱造——宋、辽、金、元建筑中,常将若干内柱移位,称为移柱造,以适应内部空间与功能要求。实例如河北正定隆兴寺转轮藏殿(北宋)平面,因底层设放书的转轮藏而将内柱向两山侧移。

③ 减柱造——辽中叶以后至金、元,盛行平面中减去内柱的做法,以此扩大室内空间。一般的减柱造与移柱造可以同时使用,实例如元代山西芮城永乐宫三清殿等(见图 3-7)。

"减柱造"和"移柱造"是后来研究者的称呼,并非《营造法式》所载。其做法对于建筑木构架的整体力学性能有较大影响,一般认为是辽、金、元时期整体经济、文化状况较两宋时期落后条件下的无奈之举。虽然在结构上有很多独出心裁之处,但对于传统木结构建筑而言并不是一个理想的选择,对于建筑结构并不利。因此,明清以后的传统木构建筑除少数偏远地区外,很少使用减柱造和移柱造。

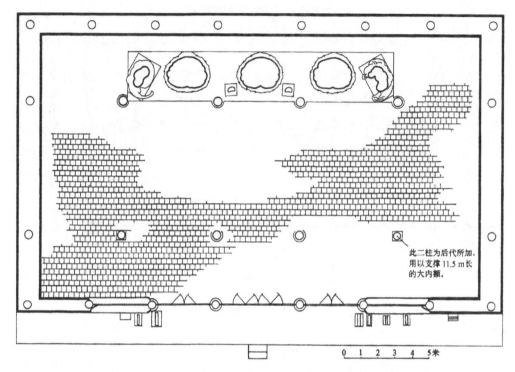

此二柱为后代所加,用以支撑 11.5 m 长的大内额。

0 1 2 3 4 5米

图 3-7 山西洪洞广胜下寺后大殿平面图

梁架结构在确定建筑进深上也起着重要作用,其跨度又是由进深的需要决定的。屋架上的檩与檩之间中心线的水平距离为"步",各步距离的总和与侧面各开间宽度总和为"通进深",若有斗拱,则按照前后挑檐檩中心线间水平距离计算。

3. 墙

作为中国传统建筑中的围护构件,平面上的墙依其位置可分为下列种类。

① 檐墙:檐柱间的墙。

② 山墙:山柱两侧的墙。

③ 廊墙:山墙延伸到前后廊柱的那一段墙,在民居中经常可以见到。

④ 扇面墙:房间后排金柱间的墙。

⑤ 隔断墙:两山的廊子与尽间之间的墙。

由于传统建筑的结构特点,墙体通常可以较灵活地布置,但在某些传统建筑中,墙体也能作为承重构件。一般情况下,都是山墙作为承重墙。在一些地方的临街商住混合建筑,以及南方某些民居和祠堂建筑中,墙体也是主要承重结构,因此,也成为确定这些建筑平面尺寸的重要依据(见图 3-8)。

古建筑设计中,上述结构构件都有着相对固定的做法。但在各自的交接转折上,却往往需要体现设计者的独特匠心。

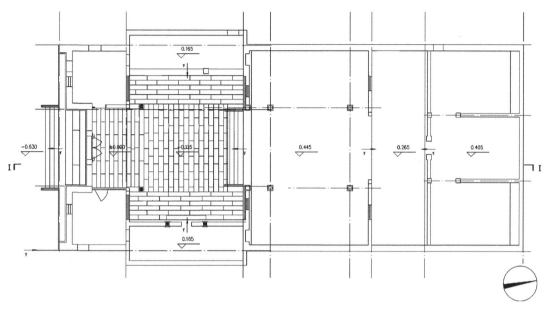

图 3-8 顺德碧江苏公祠平面图

3.1.2 单体平面的基本单位——"间"

1. 基本单位

中国传统建筑多为木构架,首先用立柱、梁构成屋架,再通过砌筑墙体或添加隔扇进行分隔。因此,柱的作用极重要,凡四柱之中的空间,都可称为"间",从正面或侧面看,即两柱之间,又称"开间"(见图 3-9)。

传统建筑平面多为矩形,较长一边为"面阔",短边为"进深"。"面阔"的一面通常是建筑的檐墙面,而"进深"的一面一般是建筑的山墙面。中国传统建筑的主立面一般都是檐墙面,也就是"面阔"的一面。而所谓"间",在面宽上通常也表现为相邻两榀屋架所围合的空间,在穿斗式结构的民居建筑中表现得尤其明显。"间"也因此成为描述传统建筑平、立面基本特征的一个重要名词。在具体的古建筑设计中,间是设计平面尺寸的基本依据。可以说间的大小决定了建筑的尺寸,而最主要的明间(当心间)尺寸往往取决于该建筑内的最大物

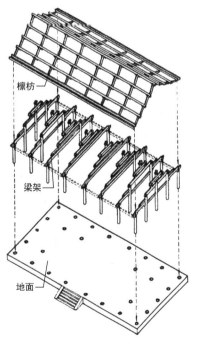

图 3-9 四柱为间

件的进出需要。明确了明间尺寸以后,其余各间均小于明间尺寸。

从中国古建筑的实际情况来看,设计者都是选取群体组合中的主体建筑,确定其规模、尺寸、形式,据此再确定其他附属建筑的形式、规模与尺寸,因而这类主体建筑就成为此类建筑群的代表。

在宋代以后的官式建筑中,建筑中"间"的大小是由相应的模数确定的。宋代采用的材分制、清代采用的斗口制,都是相应的建筑模数制。斗口材分制度即基于斗拱构材演绎发展而来。但在清代以后,对于不使用斗拱的大式不带斗科做法和大木小式,则直接使用基于斗口的"营造尺"作为度量标准单位;在大木大式带斗科建筑中,多采用简化计算的方式,建筑中"间"的大小一般按斗拱攒数定。由于每攒的斗口数是固定的,而且斗口尺寸与营造尺又是固定对应的,其总体尺度也就相对固定化了。只要针对相应的建筑要求,选定相应的建筑材等(斗口),那么其开间大小就是基本明确了。

2. "间"的组合

中国建筑单体平面以"间"为基本度量单位,面阔和进深均以间数确定其规模。面阔一般为单数(因为主体建筑都是从正中开门),有 3～11 间不等。进深的开间数则无定制,可以为单数,也可以为双数。有时面阔和进深开间数有着特殊的象征意义,例如天安门城楼面阔 9 开间,进深 5 开间,象征皇帝"九五之尊",又如宁波的著名藏书楼天一阁,在外观上采用了特殊的开间形式——底层 6 开间,上层 1 开间。取《易经》中"天一生水,地六成之",希望以"水"压"火",防止火灾,因而取名"天一阁"。

"开间"与"面阔"是通用的,各开间宽度的总和称"通面阔"。开间的数量与建筑的等级有关:一般小型民间建筑常用 3～5 开间;中型的宫殿、庙宇、官署多用 5～7 间;皇宫用 9 开间(最高等级),现存故宫太和殿用 11 开间,是明代新发展的特例,一般宫殿建筑仍为 9 开间。面阔正中一间为明间,其余为次间、梢间、尽间或廊子。开间数多的次间为"又次间"或"再次间"。

清代时进深方向有的也以"步架"来称谓。檩木的位置与间距都有定限,很少任意增减,因此可用来表达进深的尺度。

在一组建筑群中,位于中轴线上的建筑开间数量一般为奇数。但与轴线平行的辅助建筑开间数量可以为偶数。而在园林建筑中,开间数量与组合方式都十分灵活。如某些亭、台、廊、榭的组合,可以根据地形变化灵活布置开间的数量与组合方式。

3. 开间与进深的确定

清代以后的大木大式带斗拱建筑中,建筑的面阔与进深一般按斗拱攒数定。次间较明间少一攒,梢间、尽间可与次间同,或再少一攒,廊子通常只有两攒。其他大木结构的面宽规则也与之相仿,但不用斗拱。总之,面阔开间的一般规则是:明间最大,次间以下宽度相同,小于明间,尽间最小(见图 3-10)。在有副阶周匝(殿堂周围廊)的情况下,尽间的大小就是廊子的宽度。

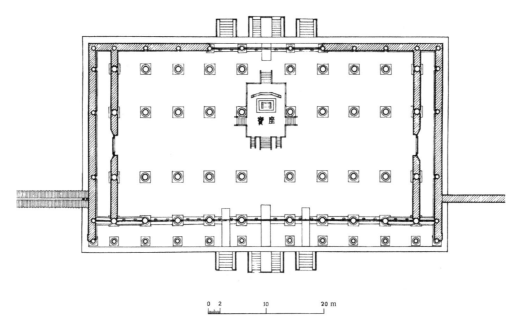

图 3-10 北京故宫太和殿平面图

　　传统建筑的明间面宽的确定在某些情况下还要受到传统风水理论的影响。在传统建筑的建造中,考虑面宽时,通常使门口尺寸符合"鲁班尺"上"官""禄""财""义"等吉利文字的尺寸。而次间面宽酌减,一般为明间的 8/10,或按实际需要确定,有时还要考虑到一些民间禁忌。

　　在进深方向上,屋架上两檩之间置椽子,以椽水平投影的距离计算进深,称进深为几架椽;架椽数之总和或有斗拱时前后撩檐枋间的距离为通进深。"步"和"架"都可以被用来描述进深,这是中国传统建筑设计在宋代《营造法式》体系与清代《工程做法则例》体系下使用的不同名词,今天一般多以"架"或"步架"来描述进深。清式古建筑木构架中,相邻两檩中线间的水平距离称为"步架"。步架依位置不同可分为廊步(或檐步)、金步、脊步等。如果是双脊檩卷棚建筑,最上面居中一步则称为"顶步"。在同一幢建筑中,除廊步(或檐步)和顶步在尺度上有变化外,其余各步架尺寸应该是相同的,因为这样便于计算屋顶坡度的举折(后面将有叙述)。进深上的架数与间数一般是比例对应的关系。对于平面尺寸计算,就山面而言若分间也可称面阔,如两山明间、两山次间面阔;如不分间则仍称为进深。

　　对于开间或进深,使用斗拱的带斗科做法,按照斗拱攒数多少乘以每攒规定的通宽口分 11 斗口,即可得开间面阔分数。不带斗科或小式做法,即以营造尺直接规定(见图 3-11)。

　　以庑殿、歇山转角周围廊(五开间)为例,其开间与进深尺度见表 3-1。

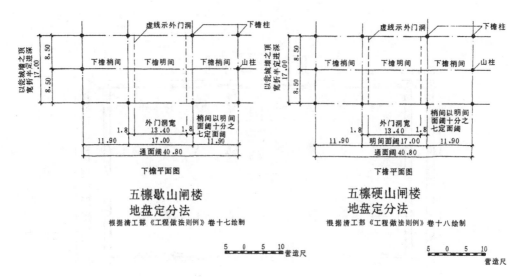

图 3-11 小式大木营造尺定尺寸

表 3-1 庑殿、歇山转角周围廊(五开间)①

明间面阔	按斗科 7 攒定分 (每攒 11 斗口)	计 77 斗口	按每斗口 0.25 尺,换算成营造尺 计 19.25 尺(6.16 m)
两次间面阔	各按 6 攒定分	各计 66 斗口	各 16.5 尺(5.28 m)
两梢间面阔	各按 6 攒或 5 攒定分	各计 66 斗口 或 55 斗口	各 16.5 尺(5.28 m) 或 13.75 尺(4.4 m)
左右廊子面阔	各按 2 攒定分	各计 22 斗口	各 5.5 尺(1.76 m)
通面阔	合计 35 或 33 攒	合计 385 斗口 或 363 斗口	合计 96.25 尺(30.8 m)或 90.75 尺(29.04 m)
两山明间面阔	庑殿分三间:按 4 攒定分 歇山不分间:按 9 攒定分	计 44 斗口 计 99 斗口	计 11.00 尺(3.52 m) 计 24.75 尺(7.92 m)
两山次间面阔	庑殿分三间:按 4 攒定分	各计 44 斗口	计 11.00 尺(3.52 m)
前后廊子面阔	各按 2 攒定分	各计 22 斗口	各 5.5 尺(1.76 m)
通进深	庑殿分三间:合计 16 攒 歇山不分间:合计 13 攒	合计 176 斗口 或 143 斗口	合计 44.00 尺(14.08 m) 或 35.75 尺(11.44 m)

在实际情况下进行古建筑设计,多以基地情况决定通面阔,再由通面阔定开间,由开间定斗拱攒数,由斗拱定斗口材分与具体的制作尺寸。

① 王璞子. 工程做法注释[M]. 北京:建筑工业出版社,1995.

3.2 院落与建筑群平面设计

3.2.1 单体与院落

中国传统建筑的单体基本上是一种标准化的设计,但在几千年的建设实践中却表现出丰富多彩的形态。根据不同的自然气候与地形条件,体现不同的乡间民俗,产生了不同的组合方式。而在以南向为尊的前提下,围绕具有方向性的庭院布置单体,是中国传统建筑组合方式中最基本的组合方式。

院落是中国古代建筑群体布局的灵魂,也是中国传统建筑中体现文化和精神追求的重要方式。中国传统建筑特别擅长运用院落的组合手法来满足各类建筑的不同使用要求。一般的建筑群以中轴线组织群体,规则、有序、主次分明。而从属于建筑群体内部的园林手法自然而少拘束,一般是结合自然地形,有构图重心而无程式布局。总体说来,中国古建筑设计的平面布局可以用一句十六字口诀来总结:"中心轴线,南向为尊,纵深布局,左右对称。"

在河南偃师二里头发现的商代宫殿遗址为我国最早的庭院实例。陕西岐山凤雏村的早周遗址是我国已知最早的四合院遗址,其院落分前后两进。现存最严整、规模宏大的群体院落首推北京故宫。由这些史实可以看出,使用院落组合建筑单体已是中国建筑几千年的传统。尤其到了宋元以后,合院成为中国传统建筑的典型建筑空间图式。

在民居建筑中不乏对院落的地方式称呼,如福建方形土楼称为"三堂两横",三堂即前厅、大厅、中厅;两横即横屋、横楼各一对。又如云南一颗印住宅,由于地盘方整,外观也方整,当地称为"一颗印"。其最常见的组合形式为"三间四耳",即正房三间,耳房(厢房)东西各两间,围合成三合院。在苏州住宅的院落中狭窄的通道被称为"避弄",而在北方四合院中此道被称为"夹道"。名称虽然各不相同,但采用的围合手法与建筑本身的空间特征却是类似的。

中国传统建筑中平面铺开的布局特点与古代长幼尊卑的宗法思想有关。宗法要求传统家庭的尊卑、长幼、男女、主仆之间有明显的区别,由平面方正的单体建筑组合成为有着明确轴线的庭院,就很容易体现上下尊卑的地位之别。因而庭院一般均在纵轴线上先安置主要建筑,再在左右两侧建次要建筑,在主建筑对面再建更次一级建筑,四周绕以走廊、围墙,成为封闭性内向型的整体。综观现存的古代宫殿、衙署、祠庙、寺观、住宅,一般均使用这种围合院落式的布局方法。

不同大小与不同形状的院落进行灵活组合,可以适应不同的地形。因此,中国古代的城乡住宅、寺观庙宇、宫殿衙署等,都可以利用相似的单体建筑来满足不同的功能需求。单体建筑形状基本规整,而组合院落的形式则可以灵活多样。

3.2.2 平面展开的群体布局形式(见图 3-12)

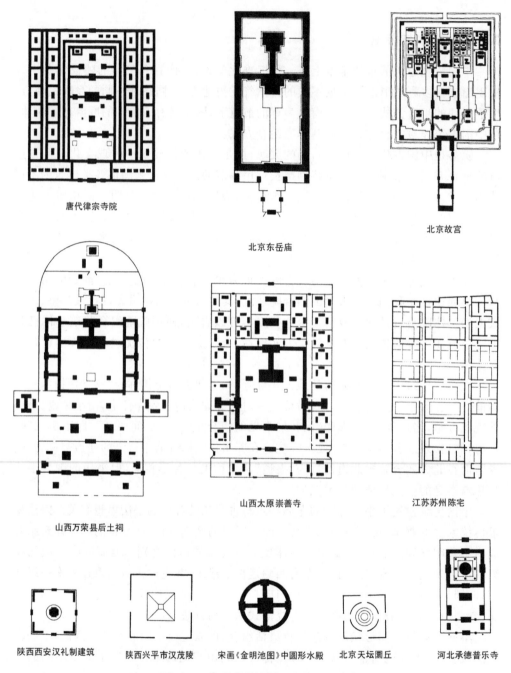

图 3-12 中国古代建筑总平面示意图

1. 向心式构图与围合式构图

在中国传统建筑中，建筑单体的轴对称特征十分明显，而单体组合成建筑群时也往往表现出明显的轴对称特征。然而矩形的单体建筑本身有两条互相垂直的对称轴，因此，以单体建筑而不是以院落为中心的向心式构图，也可能是早期中国建筑群平面构图组合的选择方式。

在早期中国建筑的演变过程中，向心式构图是非常明确的一种选择。如半坡仰韶文化遗址建筑群，就表现出明显的向心式布局特征：多处小型的房屋面向聚落中心的大房子形成向心式的布局。在福建永定的圆形土楼中，仍然可见这种向心式布局的遗存。

早期的中国宫殿建筑，其平面布局可能更多地体现一种向心式构图的特征，这与早期高台建筑的流行也有一定关系。在木构架技术成熟以前，重要建筑通常采用高台夯筑的办法实现大体量的构建。而围绕高台布置建筑，也就使得建筑群具有较为明确的向心特征。从考古发掘与文献记录中可以知道，早期的宫殿建筑、佛寺建筑等，一般都以高度体量突出的建筑作为单个院落构图的中心。而这些以高台建筑为中心的院落群，其群体的组织通常又是按照轴线布置的。在今天可见的一些建筑群体中，就仍保留有这种手法。坛庙是中国传统文化的重要象征，在其平面形制上也带有更多的传统烙印。如北京天坛的主轴线上，圜丘、皇穹宇、祈年殿三组建筑群体，均可视为中心式构图的院落，但其总体仍保持了明确的轴线关系（见图3-13）。又如北京故宫三大殿及其周边广场，如果去掉分隔前后的院墙，使太和殿前后广场连成一体，其形态体现为以"工"字形高台上的三大殿为中心的向心式布局。但加上围墙（明代曾使用围廊）后，太和殿广场就表现为建筑围合的合院式布局了（见图3-14）。

向心式布局与轴线原则上并不矛盾，但中国传统建筑的群体组织从中心对称与轴对称并存，到后来的轴对称一枝独秀，经历了比较漫长的岁月。简化单体设计而强调进深与轴线的平面组织手法，尽管早已有之，但是直到宋代以后才逐渐明确成熟，并逐渐成为定制。这与宋代经济、文化、技术的发展水平密切相关，建筑构件的标准化、建筑单体设计的程式化成为总体趋势。因而沿着纵轴线与横轴线进行设计，借助于建筑群体的有机组合和烘托，采用不同规格与等级的建筑，使主体建筑突出的手法也日益成熟。以院落为主体，以群体来完成建筑功能的分配，成为中国传统建筑的基本特色。

2. 门塾制度与轴线的形成

中国传统建筑的群体组合采用轴线的形式，几乎与中国文明的发展同步。在商周时期的宫殿、陵墓等重要建筑的遗址中，建筑轴线是明确存在并得到强调的内容。如二里头夏代晚期都邑遗址三期一号、二号两座大型建筑的基址，就是由陵墓、墓前大殿、中庭、门塾、东北西三面廊庑及南面复廊组成的封闭式宫室单位。其中，二号宫室坐北朝南，由正殿、中庭、门道、塾、廊庑组成一组完整轴线（见图3-15）。

在这组建筑中，正殿、门塾与廊庑是形成轴线的建筑实体，而中庭与门道属于

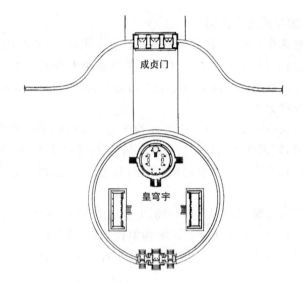

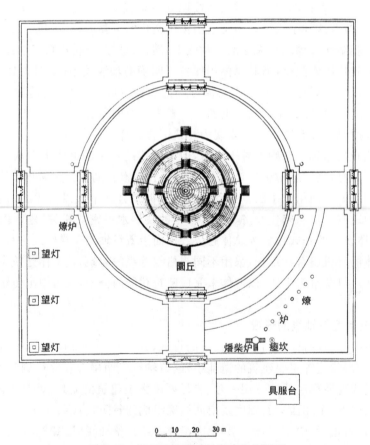

图 3-13 北京天坛圜丘及皇穹宇平面图

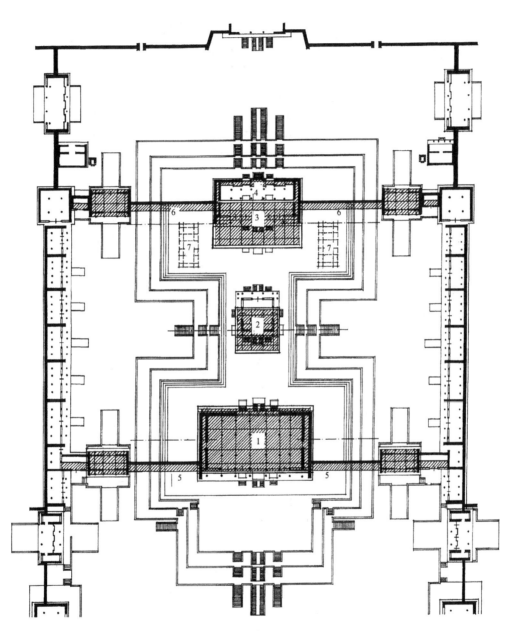

图 3-14 故宫三大殿

1.明皇极殿;2.明中极殿;3.明建极殿;4.明云台门;5.皇极殿两侧平廊及斜廊;
6.建极殿两侧平廊及斜廊;7.清初位育宫东西配殿

"虚"空间。在建筑群体轴线组织方式的限定中,又以正殿与门塾之间的互相对应最为基本和明确。正殿、门塾与廊庑围合中庭形成了合院。

面向南面的正门有东、西两塾,起到门卫房的作用。《尔雅·释宫》云:"门侧之堂

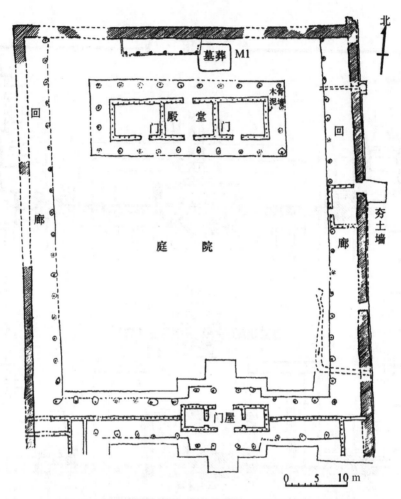

图 3-15　河南偃师市二里头夏代晚期二号宫殿基址平面图
(《考古》1983 年 3 期)

谓之塾。"塾在龙山文化时期就已出现,商周以后,更是重要的建筑群体正门的标志
(见图 3-16)。直至今日,在南方的一些传统祠堂建筑中仍可见其痕迹。

　　对称的门塾用于建筑群的主要入口,这就明确了轴线的位置。而使用门塾的正
门往往又与最主要的正殿或大堂正面相对,这又进一步强化了轴线的概念。尽管在
后世的演变中,门塾的形式发生了许多变化,但由正门、正殿的对应位置来强调建筑
群体轴线的作用一直存在。

　　在明代《园冶》一书中,即使是强调平面灵活布置的园林设计,对于这一组织建筑
群体的轴线原则也是不能轻易违背的:"园林屋宇,虽无方向,惟门楼基,要依厅堂方
向,合宜则立。"

　　门塾与正殿(堂)形成的轴线又由中庭、门道等建筑元素强化,建筑群体围绕轴线

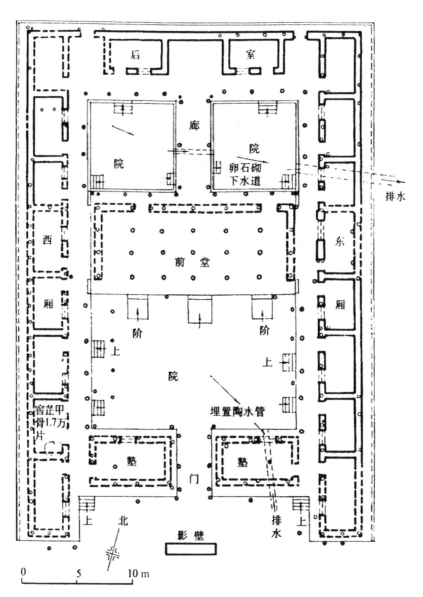

图 3-16 门塾与轴线

组织成为中国传统建筑群体组织的一种基本形式。

3. 虚实空间的灵活变化

向心式布局与围合式布局带来的空间感受有一定区别。如果将建筑看成"实"，而将院落看成"虚"，那么，虚实空间有节奏的变化就是中国传统建筑群体中显著的特征(见图 3-17)。

中国传统建筑中一组或多组建筑围绕一个中心空间进行组织，这个中心空间可能为建筑实体，也可能是院落。如前文所述，半坡仰韶文化遗址建筑群，就是围绕中

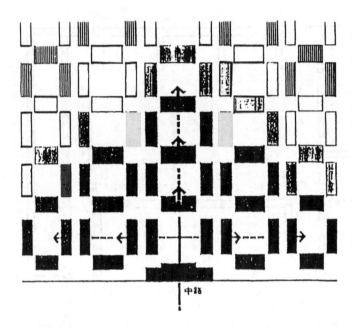

图 3-17   虚实空间的节奏变化

心的大房子实体布置的。在宫廷与礼制建筑中,早期依托周礼制度形成的明堂模式也是典型的实体建筑居中而使用围合廊院的向心空间图式。而佛教寺院的平面布局演进,同样体现了这样一种从以建筑为中心到以庭院为中心的变化历程。明堂模式也是中国宋代以前各个政权的统治者多次讨论的建筑形式。而宋代以后,随着理学逐渐占据统治地位,社会意识形态从宗教的超越性转向了世俗的政治生活秩序,宫殿建筑中不再建造仿古式的明堂,转而以序列化空间组织——用庭院的组合来完成群体的组织。

庭院模式的特点是构图中心的虚化,古代文献当中对于"四向"之制的记载,则表明这种以"中庭"为中心的布局方式,或者说以"虚"的院为中心的布局方式很早就成为一种普遍的情况(见图 3-18)。但在相当长的一个历史时期内,庭院模式并不是唯一重要的建筑群体构图模式。庭院模式的建筑群体组织方式,直到宋代以后才成为建筑设计的主流。

庭院模式的广泛应用,带来了建筑群体序列化空间组织。序列化空间组织是建筑主要动线上多个空间的组合方式,一般是建筑的南北轴线上的空间组合。序列化的另一个含义是指多个空间以明确的界面(门或堂等)来分隔与联系,而并不突出独立的、完整的建筑象征意义,虚实空间在序列中是灵活转化的。尽管序列化空间的组织模式与前文所述的明堂式空间图式也一直有所交叉,但其强调轴线与序列而不是建筑本身,逐渐成为中国传统建筑的一大特点。

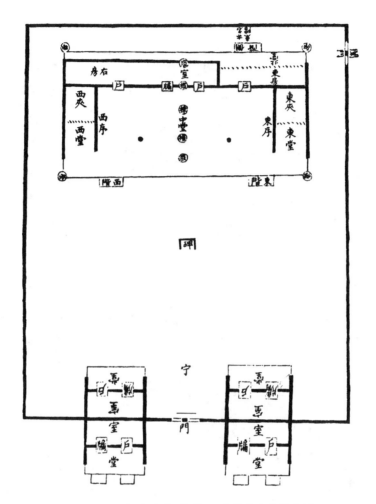

图 3-18 〔清〕张惠言《仪礼图》中的士大夫住宅图

3.2.3 院—群—路的组织结构

中国传统建筑群基本上是一组或多组建筑围绕一个中心空间构成,即所谓层层深入的院落空间组合。这种组合方式不是各向均质的网格化组合,而是突出强调纵向(南北向)轴线的序列组织。

如前节所述,围合型的院落中,建筑单体围绕"中庭"组织,其形制久已有之。单一的建筑三面或四面围合形成院,以院落作为基本的组合单位(见图 3-19)。一组单体构成的院落满足一定的功能,包括基本的居住功能,观赏空间,甚至更加复杂的政治、宗教活动的需要。

院落之间可以进行搭配组合:在纵深方向,一层层的院落以"进"为度量单位层层深入;而院落在横向的布局,则以"跨"为度量单位依次展开。"进"位于纵向轴线,而

三合院门形平面

三合院H形平面

轴线

轴线

横轴

横轴

主要轴

四合院纵向连接

纵轴

横轴

横轴

纵轴

四合院

纵轴

横轴

四合院横向连接

敦煌 148 富壁画中的慈陵

轴线

轴线

宋画金明池园中的圆形水殿

纵轴

北京故宫三大殿

苏州网师园自由布置没有轴线

琼岛轴线

团城轴线

北京北海琼岛和团城

图 3-19 以院落为中心的群体组织模式

"跨"位于横向轴线上(见图 3-20)。出于强调序列、强调中心轴线的需要,对于"进"的重视往往要甚于对"跨"的安排。因此,在建筑群体组合中,往往对于沿纵向轴线的过渡空间的处理较为突出而精细,而对于联系横向轴线的过渡空间的处理则较为隐晦而简约。

若建筑群体庞大,则沿横向轴线的跨院可能过多,在此情况下,常在中轴线两侧设副轴线以组织建筑组群,从而减少每组建筑中跨院的数量。削弱横向轴线而强化突出纵向轴线,此各纵向轴线称为"路"。"路"之间往往以甬道作为分隔,其目的仍在

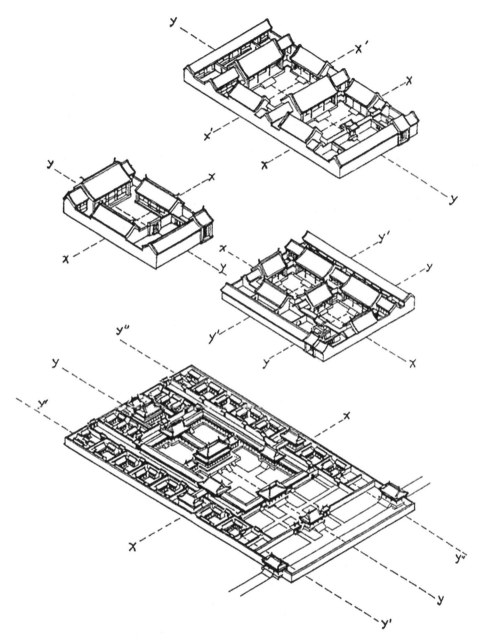

图 3-20 纵横向展开的院落组群

于强调纵向的轴线。如沈阳故宫平面有三个平行的轴线组群,被称为东路、中路与西路(见图 3-21);北京故宫的平面布局也表现出多轴线的特征(见图 3-22);苏州民居也常有多轴线的布置方式,中路为住宅及主要厅堂、房舍,侧路的主体建筑为花厅(见图 3-23)。

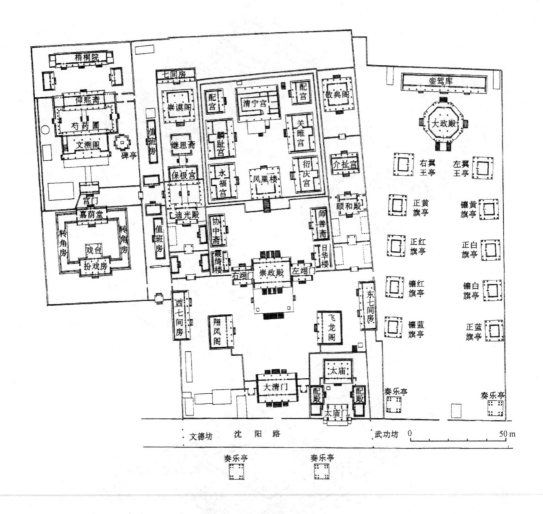

图 3-21 沈阳故宫平面图

　　群体的扩展以纵向轴线为多,佛教寺院的山门、天王殿、大雄宝殿、方丈室或藏经楼;大家宅邸的门厅、轿厅、花厅、正厅、后楼等均是。横向扩展的组群是在中央庭院的左右,再建纵向庭院,形成次轴线,大型庙宇、衙署均采用此法。北京明清故宫是纵横双向扩展的典型,从大清门经天安门、端门、午门至外朝三殿和内廷三殿,采取院落重叠的纵向发展;主轴线左右又有众多次轴线向两侧横向扩展,形成规模巨大的组群。但在某些特殊情况下,也有沿横向展开的例子。如武汉的归元寺,其主要建筑群体组织,就是因翠微峰山脚的地势沿横向展开。但在每一组院落中,仍然强调纵向轴线。

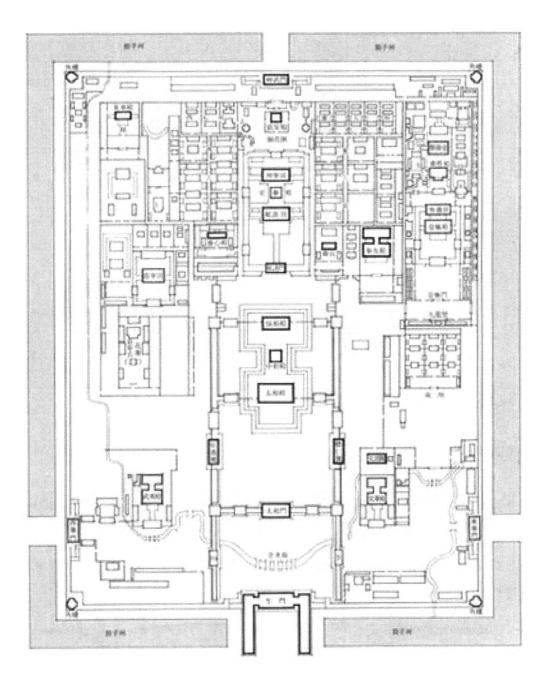

图 3-22　北京故宫总平面图

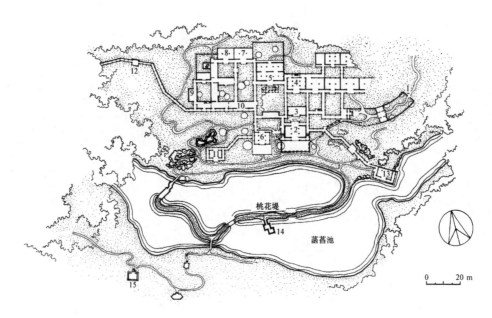

图 3-23　江苏南京随园复原平面图

1.大门；2.因树为屋；3.诗世界；4.夏凉冬燠所；5.小仓山房；6.判花轩；7.古柏奇峰；8.金石藏；
9.水精域；10.谦山红雪；11.小栖霞；12.香雪海；13.柳谷；14.鸳鸯亭；15.山上草堂

3.3　合院与天井的设计

3.3.1　方形合院与长形天井

　　院落布局是中国传统建筑平面组织的基本形式。然而由于中国地域的广大与历史的悠久，院落的形式丰富多样。最主要的形态可分为合院与天井院，一般来说北方的院落是合院，最常见的就是四合院；南方的院落是天井院。

　　合院可以说是一种比较基本的形式。建筑单体三面或四面围合，中间的空间就是合院，也就是前文中提到的"中庭"。如果围合庭院的单体建筑在结构上彼此分离，这种庭院的围合形式可以称为合院。

　　随着传统建筑技术的发展，围合庭院的单体建筑在结构上加强了整体性，建筑群体的屋面部分经常联系成一个整体。同时受南方多雨的气候影响，连续的屋面也为其中人的活动提供了便利。这种情况下围合的庭院，从空中看如同连续的屋面中出现的一个井，因此被称为"天井"。

　　以院落为中心的传统民居建筑，其合院或天井的形状，较多地体现了各自的地方特色。总体来看，北方民居中多以开间较大的合院为主，如华北住宅的庭院都较方阔，有利于冬季多纳阳光；但东北的院落更加宽大；而晋、陕、豫等省，因为夏季西晒严重,院子变成窄长条形。另一方面,由于北方是中国传统文化的核心地区,在文化传统上更多受到礼制影响,在建筑的尊卑主次上也较为讲究;加之其建筑单体在用地上较为充裕,通常留有较大余地,因此,围合庭院的建筑单体往往主次分明、彼此分离,其围合的庭院也因此表现为合院的形象。

南方炎热多雨,多山地丘陵,人稠地窄,住宅比较紧凑,多楼房。南方民居单体围合庭院时,往往单体屋面都连成一体,围绕着其中较小的开放天井。由于南方夏季日照辐射较强,为了减弱辐射,其天井院落通常采用南北向窄而东西向较宽的横长方形天井。如江南地区典型的住宅以面积甚小的横长方形天井为中心,北面一列 3 间楼房,楼下正中 1 间前檐敞开,为堂屋,堂的上层叫祖堂,其他房间为居室。东、南、西三面是较低的楼,或房或廊,也有前廊后房的。大门开在前墙正中或偏左。这主要是建筑需适应各地气候特征的缘故。

3.3.2 富有地域特色的民居平面设计

中国传统建筑中的官式建筑在宋代以后一般遵从严格的建造规定,其形式较为统一。而各地的民居建筑往往结合各自的地域文化特色,表现出丰富的形态。各地具有代表性的民居平面设计也为中国传统建筑的研究与创作提供了丰富的素材。

1. 北京四合院(见图 3-24)

北京四合院是北方汉族人民住宅的代表,受封建宗法礼教的影响很大,按中轴线对称布置房屋和院落,反映主次明确、长幼有序的生活方式。

住宅的大门一般开在东南角上,入口对面是影壁,向西进入前院;南边的倒座用作客房、书塾、杂用间和仆人住房;从前院经垂花门进入内院,对面是正房三间,两山有耳房用作套间,两侧配厢房(三间),以抄手游廊相连;在院内种植花木、摆设盆景,以营造开敞、自然的生活环境;正房左右耳房可附小跨院;正房后亦可建一排罩房,布置厨房、杂屋和厕所。

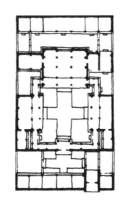

图 3-24 北京典型四合院
住宅平面图

大型住宅可沿轴线纵深方向建两个以上的四合院,为多进院落;亦可向左右建跨院。更大的住宅可在其左右或后面建花园。

2. 徽州民居(见图 3-25)

今安徽南部的歙县、黟县、休宁、绩溪和江西北部的景德镇、婺源等地古代统称为"徽州",明清时期徽州地区的民居是南方民居的典型。

徽州民居一般为封闭庭院式住宅,规模不大,布局紧凑,装饰精美,用材精良;主要是方形或矩形的四合天井或三合天井,大多为两层楼。正房朝南,面宽三间,楼下明间客厅,次间主房;楼上明间祖堂,次间住人。

徽州民居属于南方天井院式民居,其天井与檐下空间较为丰富。连续的檐下空

0　　　　10 m

图 3-25　安徽黟县宏村汪定贵宅承志堂平面图

间为其中的人流提供了一条完整的半开放路线。由于其楼一般为两层，故天井长宽与高度大致相仿，难以形成所谓"烟囱效应"。也就是说，从平面与剖面结构上看，其民居天井很难起到拔风作用。

3. 巴蜀民居（见图3-26）

四川气候湿热，风速低，雨季连阴，夏季连晴，并因此自古形成了独具特色的木构穿斗式住宅。其建筑造型开敞，多外廊，一般形成三合院或四合院平面。有院坝，铺石板，以备农事之需。因应山地分散布局，往往一宅一院，围植竹木，处境荫蔽。山地住宅不一定朝向正南，多随坡就势，利用地形的变化，造成几块台地，由低到高，布置门、厅、正房，尊卑鲜明，庭院别致，节省土方。平坝（平原）住宅，高敞宽大，一条中轴线可建几进院子；而大型宅院也可有几条中轴线，建左右跨院。川西平原的民居，一条轴线前有一道龙门，往往有三道龙门、五道龙门的壮观街景。

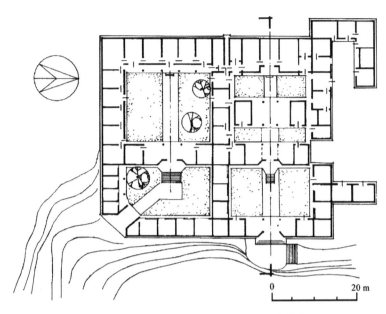

图 3-26   四川资阳临江寺甘家沟桑园湾甘宅

4. 中原、西北窑洞式民居（见图 3-27）

"上古穴居而野处。"窑洞与穴居有着密切的历史沿袭关系，但与穴居却有极大的区别。我国窑洞主要分布于中原与西北的黄土高原地区，常见的窑洞形式主要有如下几种。

靠山窑：利用垂直的山崖壁面沿水平方向直接挖进，每间窑宽约 3.5 m，深约 6 m。正面以砖护面，开门窗。在一座山坡上，同一等高线上可并列开凿多孔窑洞，换一个等高线又可以开凿一排。因此，在同一座山坡上可以有上下多层排列的窑洞。

地坑（天井）窑：从平地往下挖，做成四壁平整的地坑，此地坑便成为一个院落，地坑四壁皆可开窑，当中有渗水井。在窑洞口部位用砖砌筑护坡墙，地坑院的入口一侧开挖一斜坡道进入地坑院内。地坑窑洞以地坑为单位，一个地坑相当于一个院落。地坑与地坑之间可以打通，组成一个地坑院落群。

混合窑：将靠山窑与地面建筑组成一个院落，可夏居窑洞，冬住土房。

5. 江浙园林民居（见图 3-28）

江浙是我国传统经济发达的地区，因地少人稠，民居建筑密度很高，在平面组织上也较为灵活。其民居建造在艺术上精美，在平面布置与空间设计上也独具匠心。

江浙民居中具有代表性的例子是苏杭地区的园林式住宅。苏州民居中规模大者，通常沿纵轴线布置院落，朝向不限于正南正北；主轴线上有门厅、轿厅、大厅及主卧房；左右次轴线上有客厅、书房、住房、厨房及杂屋等；用几条轴线形成院落组群，院落之间有夹道相通，后部住房多为两层，楼上亦宛转联络。

苏州民居除主路外，各侧路上的主体建筑是花厅，为会友宴宾、逸情赏曲和游憩

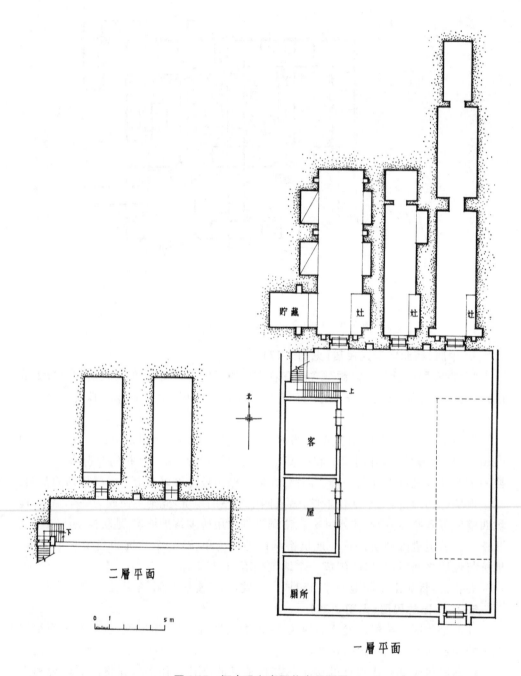

贮藏　灶　灶　灶

客

屋

厕所

北

上

二层平面

一层平面

0　1　　　　5m

图 3-27　河南巩义窑洞住宅平面图

观景的地方。建筑群体为减少太阳辐射,庭院南北进深小,东西宽大,形成横向庭院,高围墙,且墙上开镂花窗,以利通风;次轴线上常布置园林、花园;客厅或书房前多凿池、叠石、置盆景,构成幽静的庭院。房屋多为木穿斗结构,或穿斗与抬梁相参的混合

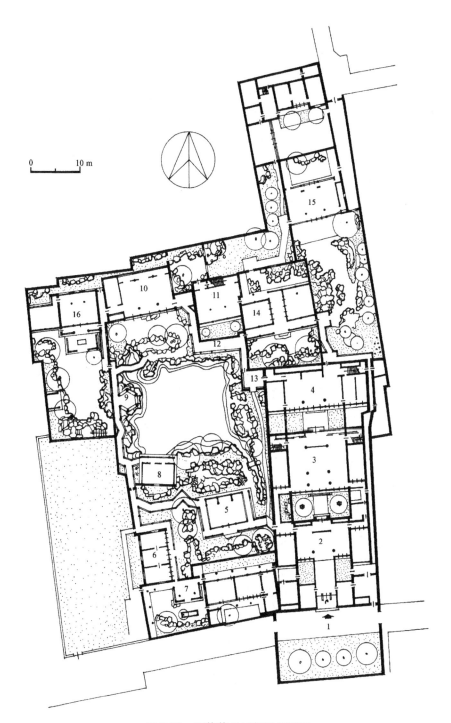

0   10 m

图 3-28　江苏苏州网师园平面图

1.大门；2.轿厅；3.大厅；4.撷秀楼；5.小山丛桂轩；6.蹈和馆；7.琴室；8.濯缨水阁；9.月到风来亭；

10.看松读画轩；11.集虚斋；12.竹外一枝轩；13.射鸭廊；14.五峰书屋；15.梯云室；16.殿春簃

结构,以利空间布局。围护结构以砌筑空斗砖墙为多,墙较薄,前后墙开窗;厅内用罩、隔扇、屏风门等分隔,用以营造丰富的空间。

6. 客家土楼(见图3-29)

客家民居是我国汉民族民居中具有独特风格的一支。作为移民住宅,客家民居往往强调聚合性与防卫性特征。客家民居以土楼为代表,有圆形、方形平面。粤东等地常见的"五凤楼"是一种二进三路的四合院,门屋为第一堂,过一进院后中厅为第二堂,相当于"前堂";过二进院后的第三堂相当于"后室",为3~5层的楼居。

福建的客家土楼是客家民居中著名的实例,尤其是其中平面圆形的土楼更具特色。作为因聚居而形成的群体住宅,平面或方或圆,围径较大,现存最大的圆形土楼承启楼直径逾70 m,院落重叠,内外三圈。外圈居住,底层厨房、杂用,二层储藏,三

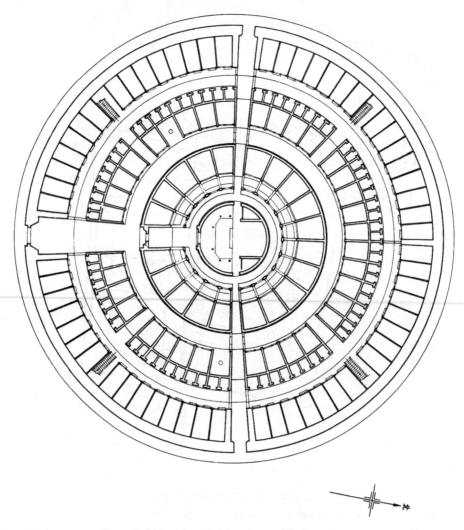

图3-29　福建永定客家住宅承启楼平面图

层以上住人,中心为祖堂。外墙土坯,厚达 1 m,底层只有排烟孔而无窗;内设与外墙垂直的隔墙,与木构架结合,以稳定结构体系。

7. 云南民居(见图 3-30)

云南地处西南,是多民族聚居地区,其中汉族民居与少数民族民居都极具特色。

昆明及其附近地区的"一颗印"式住宅是其典型的汉族民居。云南的一颗印与湖南的印子房相仿,与四合院大致相同,只是房屋转角处互相连接,形成一颗印章状。三间四耳,即正房三间,厢(耳)房东西各两间,也有三间六耳、明三暗五的做法。正房常作楼居,下有前廊,称游春廊。一颗印三面为住房,正面围墙开门,也可做成倒八座(如北京四合院的倒座)。

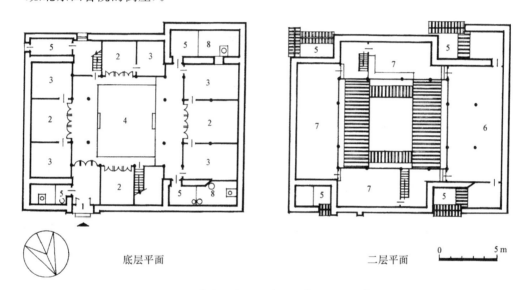

底层平面   二层平面

图 3-30 云南大理白族四合五天井民居平面布局图

1.大门;2.堂屋;3.卧室;4.院子;5.漏斗天井;6.祖堂;7.杂用;8.厨房

一条中轴线可以串联两个以上的一颗印,组成较大的宅院;亦可由两个以上的轴线组成更大的宅院,将耳房改成"两面口"以互相联络。

在较晚时期的城市一颗印住宅往往正、耳、倒均为楼房,规模宏大,且全有前廊,楼上也各廊相通,环行无阻,称"跑马楼"。院内植花木,住宅外围为高墙,用夯土、土坯或砖外砌,称"金包银",宅对外不开窗,形成封闭空间。这种大型合院在滇西大理、建水等地也较流行,并逐渐演化出"四合五天井""走马串阁楼"等特殊做法。

在云南汉式民居的院落平面形式及其组合方式上,往往结合地形形成自然的变化,使得建筑平面灵活多样。

云南的少数民族民居则与汉族民居表现出不同的形式。我国南方少数民族民居多为干栏式住宅。西南各少数民族常依山面溪建造木结构干栏式楼房,楼下空敞,楼上居住,坡屋顶。典型的傣族竹楼,用竹、木构成干栏式建筑,平面多为横长形。下部作畜圈、碾米场、储藏室等;有梯直接上楼,楼上前为晒台,后为堂和卧室。楼房四周以短篱围成院落,院中种植树木花草,有浓厚的亚热带风情。

3.4　建筑与园林

3.4.1　住宅与园林

作为中国传统建筑中一个重要的功能类型,园林往往并非单独存在,而是作为其他建筑类型尤其是居住建筑的从属而存在的。

魏晋南北朝时期士大夫阶层的审美情趣与生活方式渐渐成为社会生活的主流,有代表性的园苑出现了,私家住宅与园林逐渐结合起来,开始从"苑"向"园"发展。造园手法也从自然山水向写意山水过渡。中国园林的文人园林特征在唐代以后已经基本成熟,大批文人、画家参与造园,进一步加强了写意山水园林的创作意境。

写意山水园林与庭院的结合,使得中国传统的住宅园林得以进一步成熟与发展。从大面积的苑囿到住宅庭院中的私园,中国古典园林并不是简单地模仿山、水等自然风景地貌这些构景的要素,而是有意识地加以改造、调整、加工、提炼,从而表现一个精练、概括、浓缩的自然景象。在园林中既有"静观"又有"动观",从总体到局部体现着浓郁的诗情画意。这种空间组合形式又多使用亭、榭等轻巧开敞的建筑来配景,使风景与建筑巧妙地融合到一起。明、清时期正是因为园林有这一特点和创造手法的丰富而成为中国古典园林集大成时期。以苏州园林为代表的江南园林,成为城市住宅与园林结合的典范。园林与住宅被整合到以庭院为特征的网格体系中,使用相同的单体建筑结构、遵循类似的轴线组织方法,使得住宅与园林结合成一个完美的整体。园林一般从属于住宅,但在某些情况下,其作为园林的影响却胜过其作为住宅的功能特征(见图 3-31)。

中国古代的园林不论是皇家园林还是私家园林,大多是私人属性的。皇家苑囿尽管往往与宫并称,具有国家礼仪特征,但从本质上看仍属于皇室私有。正因为如此,园林和居住建筑的关系相当密切。

3.4.2　庭院中的园林

庭院中的园林与写意山水造园手法是密不可分的。通过写意手法的提炼,使得原本宏阔的自然山水浓缩于方寸庭院之中,在符合建筑群体整体的尺度要求的同时,又能创造丰富的景观意象。

园林建筑不像宫殿、庙宇那般庄严肃穆,通常采用小体量分散布景。特别是私家庭院里的建筑,更是形式活泼,装饰性强,因地而置,因景而成。但在具体的平面布置当中,依然有主从关系,要突出相关的重点内容。

庭院中的园林一般从属于住宅的庭院,其空间较为狭蹙,因此大面积、大体量的叠山理水之法很难运用,常见的手段是植物与盆景的综合运用。通过植物与盆景的

图 3-31 宫殿与园林

布置,结合建筑平面的细节,营造丰富的空间感受。

受中式园林与建筑影响下周边国家,其某些造园手法也可供借鉴。如日本的"枯山水"园林,就是在禅宗思想影响下的一种极其强调写意手法的园林形式,可作为当代庭院内园林布置的参考。

而作为住宅中园林使用的庭院,往往又与其周边其他庭院保持着密切的联系,其联系与分隔界面也是丰富多彩的。抑景、添景、夹景、对景、框景、漏景、借景等园林构景手段,在庭院园林的平面布局中应该被充分考虑。在南方较晚的古典园林当中,还有使用西洋建筑材料来营造不同季相景观的例子。如建于晚清的广东番禺余荫山房,利用红、蓝两色玻璃的重叠,框取院落中植物后形成雪景的意象,就是比较独特的例子。采用这种手法需要将建筑平面与园林平面进行精细的组织与安排。

3.4.3 建筑群与园林布局设计

中国园林的基本布局方式是顺应自然,这是中国园林与西方园林最重要的差别之一。中国园林的主要特点是依据山水自然的自由式布局,西方园林的主要特点是规则的几何形布局。

　　虽然中国园林的总体布局是自然式的，但是园林建筑的布局方式可分为两类。一类是主体建筑，多为殿堂、楼阁等重要建筑。这类建筑在园林中有着重要的使用功能。例如，皇家园林中皇帝居住和处理政务的地方，私家园林中作为主人家居住的地方。这一类建筑一般采用庭院组合、中轴对称的布局方式。另一类是次要建筑或辅助建筑，多为亭、廊、轩、榭之类。这类建筑没有很重要的使用功能，常常是作为游览休息，或配景观赏用的。这一类建筑则多采用自由式布局，随地形和景观的变化而点缀布置（见图 3-32）。

图 3-32　园林布局

　　在园林布局设计中，要注意亭、廊、轩、榭类配景观赏建筑的布置，不能因为它们是次要建筑就不给予重视。相反，这类建筑在景观上起着非常重要的作用，布置是否得当直接关系到园林整体的艺术效果。例如，亭子的运用，无论亭处于何位置，做设计不外处理以下几种关系：俯视、仰视或平视。"高方欲就亭台"是《园冶》中提出的园林建筑立基的一条重要指导原则,强调亭多建于地势突起的高地之上,这样从其下方观看时亭的轮廓就格外突出,加强其轻巧、空灵之感。在园林中高处建亭,既是仰观的重要景点,又可供游人统览全景;在叠山脚前筑亭,可衬托山势的高耸;临水筑亭可获倒影成趣;林木深处筑亭,半隐半露,既含蓄又平添情趣。轩、榭之类建筑,半开敞的空间适宜于观景,多建于水边,观景的同时也成了被观赏的对象。廊在园林中起联系和分隔空间的作用,运用得好可以起到意想不到的效果。廊切记不可平直,随地形而自由设置,时而弯曲,时而上下,才能体现中国园林的趣味。

在园林的平面布局中,对景与借景是非常重要的手法(见图3-33～图3-37)。

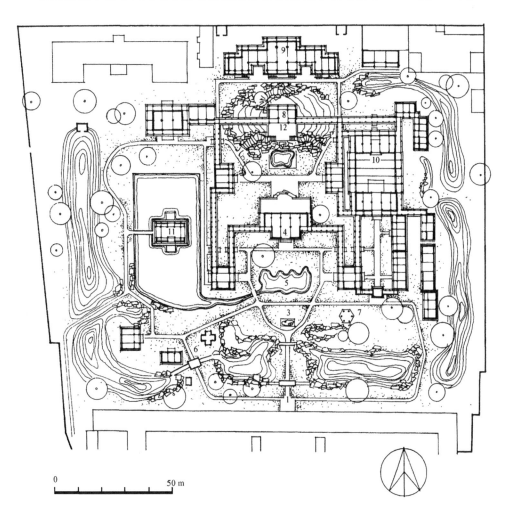

0   50 m

图3-33　北京恭王府萃锦园平面图

1.园门;2.曲径通幽;3.飞来石;4.安善堂;5.蝠河;6.榆关;
7.沁秋亭;8.绿天小隐;9.蝠厅;10.大戏楼;11.观鱼台;12.邀月台

对景形成的视觉轴线,是组织园中不同实体要素的重要内容。一般是通过游线设计的方法,通过景点的合理布置,将复杂的视觉轴线组织得清晰流畅。在这一设计过程中,强调主体的视觉感受,通过对造园要素山、水、建筑、植物等的配置,强调"线索—节点—视线"在不同尺度上的对比关系。首先在园林所在整体区域内进行分区,强调各分区内主题与情节的变换。在具体的形式手法上,讲求层次、开合、抑扬、滞通的关系。而游线中的视觉变化,就是具体的实现途径。

借景手法的使用,其本意为"凭借",在具体手法上可分为远借、邻借、仰借、俯借、应时借等。即将视线可及的要素作为环境与景观要素予以考虑,并作为相应景点设计的重要因素。

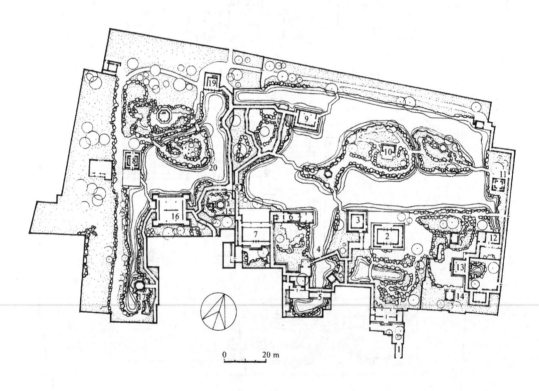

图 3-34 江苏苏州拙政园平面图

1.园门;2.远香堂;3.南轩;4.小飞虹;5.小沧浪;6.香洲;7.玉兰堂;8.别有洞天;9.见山楼;

10.雪香云蔚亭;11.梧竹幽居;12.海棠春坞;13.玉玲珑馆;14.嘉实亭;15.宜两亭;

16.卅六鸳鸯馆;17.塔影亭;18.留听阁;19.倒影楼;20.与谁同坐轩

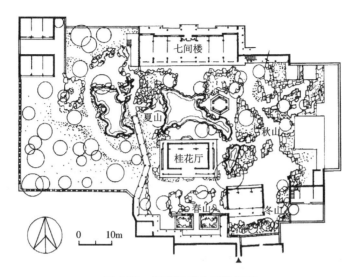

图 3-35 江苏扬州个园平面图

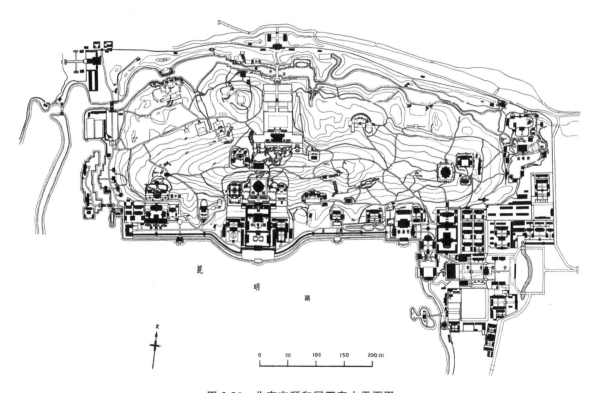

图 3-36 北京市颐和园万寿山平面图

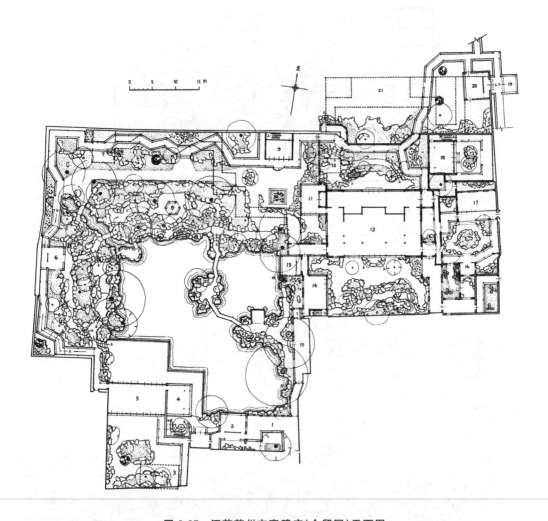

图 3-37　江苏苏州市寒碧庄(今留园)平面图

1.寻真阁(今古木交柯);2.绿荫;3.听雨楼;4.明瑟楼;5.卷石山房(今涵碧山房);6.餐秀轩(今闻木樨香轩);

7.半野堂;8.个中亭(今可亭);9.定翠阁(今远翠阁);10.原为佳晴喜雨快雪之亭,今已迁建;

11.汲古得绠处;12.传经堂(今五峰仙馆);13.垂阴池馆(今清风池馆);14.霞啸(今西楼);

15.西奕(今曲溪楼);16.石林小屋;17.揖峰轩;18.还我读书处;19.冠云台;

20.亦吾庐(今为佳晴喜雨快雪之亭);21.花好月圆人寿

4 古建筑的立面造型设计

中国古代建筑在长期的发展过程中形成了多种多样的建筑样式,其立面造型的风格也千姿百态、多种多样。其中,比较具有代表性的立面类型分为官式建筑与民居建筑两类,官式建筑经过总结与理论化,已经形成一个系统完整、规定细致的体系,而数量众多、样式各具的民间建筑和乡土建筑,则为古代建筑造型设计提供了丰富的源泉。

从立面设计来讲,中国传统建筑单体在立面造型上主要有两个特点:一是三段式,即建筑立面由屋顶、屋身、台基三段构成;二是丰富多彩的屋顶式样,主要有庑殿、歇山、悬山、硬山、攒尖、卷棚等(参见第 1 章)。

中国古代建筑在设计与建造时具有结构的完整性与真实性,单体建筑的设计与建造具有相当高程度的模数制。所以,单体建筑具有平面、结构、造型的统一性。其建筑等级、样式平面形制与梁架关系一旦确定,造型与立面也大体确定。立面上各个建筑元素的确定也与平面、剖面、造型彼此有机关联。

需要说明的是,古代建筑在建造过程中的立面设计过程,是先确定平面结构与柱网类型,接着对侧样(横剖面)进行设计,然后再进入下料、画线、制作与拼装等施工阶段。也有先定造型和后定平面和结构的。建筑的设计与建造工作在官方由专门的机构负责,而民间则多由有经验的工匠负责全部的设计与施工过程。

4.1 中国古代建筑的立面特征与发展沿革

4.1.1 历代建筑立面样式的发展流变

中国建筑在没有受到外部环境大的干扰之下保持了相对独立完整的发展过程,在历史发展过程中呈现了逐步完善与风格渐变的特点。其立面的变化主要集中在细部与构件的样式变化之上,而这些改变大多与建筑构造方式、地域特点有很大的关系,下面按社会变迁和历史朝代的时间序列分别介绍。

1. 原始社会时期(远古至公元前 2070 年)

原始社会旧石器时代的天然岩洞是中国境内最早的人类居所。随着生产力的逐渐发展,中国境内进入到新石器时代,开始出现了穴居和巢居。大约在一万年前,在中国南北方很多的地方分别出现了固定住房的营建,其中最具有代表性的建筑类型包括北方黄河流域由穴居发展而来的木骨泥墙建筑与南方长江流域由巢居发展而来的干栏式建筑。

前者先后以仰韶文化遗址和龙山文化遗址为代表。具有代表意义的遗址有仰韶时期的陕西临潼姜寨遗址和半坡遗址以及随后龙山时期的西安客省庄龙山文化房屋遗址,经过复原可以发现,其建筑形象还留有穴居的痕迹,屋顶与墙面在形式上已经分离,屋顶多为坡屋顶形式,墙面以木骨泥墙为代表,屋顶也以木构架经绑扎而成,上覆茅草,建筑形象比较简单。进入龙山文化时期以后,随着私有制的逐步确立,建筑平面逐渐出现套间,随之而来的建筑屋顶形象也丰富起来。出现了不同方向的坡屋顶组合(见图 4-1)。

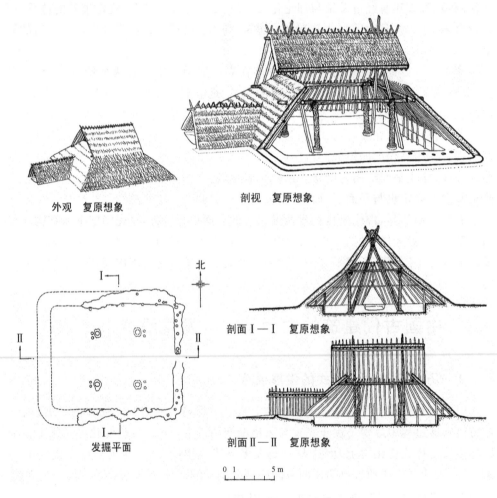

图 4-1 陕西西安市半坡村原始社会大方形房屋

而南方长江流域由巢居发展而来的干栏式建筑,其中以距今六七千年的浙江余姚河姆渡村遗址为代表。出土的大量榫卯构件有力地表明了长江中下游地区的建筑已经从巢居逐步发展到了干栏式建筑。

2. 奴隶制社会时期

中国的第一个王朝夏的建立,标志着中国进入了奴隶制社会时期,奴隶制在中国经历了 1 600 多年,是中国传统建筑形象的奠基期,夏、商、周三代的中心地区都集中在黄河中下游,技术上的进步主要表现在夯土与木构技术的混合使用,其基本建筑形象是"茅茨土阶"。到西周时期,建筑形象由于开始使用瓦而大为改观,当时的瓦个体较大,估计主要用于屋脊、檐口等重要部位。到战国时期,出现了置于檐口的滴水,砖也已经作为铺地材料开始使用。那个时期,木构榫卯技术已经日趋复杂,梁柱构架已经开始在柱间出现阑额,夯土技术已经成熟,建筑物形象上已经出现了台基。屋顶多以四坡屋顶的形式为主。到东周时期,更是出现了以在阶梯土台上建筑房屋为代表的高台建筑。建筑色彩上,周代规定青、赤、黄、白、黑五色为正色,周天子的宫殿中,柱、墙、台基都要涂装成红色,这种做法一直沿用到汉代。突出代表实例包括河南偃师二里头一号宫殿遗址(夏代晚期)、湖北黄陂盘龙城遗址(商代中期)、河南安阳小屯村遗址(商代晚期)、陕西凤雏周代遗址等。此外,出土的大量青铜器上也有建筑细部的痕迹。

3. 秦汉

经过战国,秦统一六国,中国进入到大一统的阶段,秦汉时期是中国古代建筑发展的第一个高峰期;高台建筑依然盛行,是春秋战国时期的遗风,汉代是中国封建社会的上升期,建筑的结构体系抬梁式、穿斗式、井干式都已经出现,斗拱也发展迅速,与之相应,在建筑形象上也出现了很多新的式样。

首先,建筑的屋顶形式更加多样化,出现了庑殿、悬山、囤顶、攒尖和歇山,重檐屋顶造型也已出现。其次,多层式楼阁开始大量出现,重楼的样式在汉代的明器中屡见不鲜就是一个有力的证据,盛行于春秋战国时期的高台建筑到东汉时期已经被大型的多层式楼阁所取代;汉代的屋脊从出土的明器来看,正脊相对较短,脊饰风格朴实无华,多为直坡屋面,盛行的装饰题材是凤鸟。武帝以后,逐渐改凤鸟为鸱尾。再者,建筑上斗拱大量出现,形式多种多样,虽然还多为柱头铺作,没有出现真正意义的转角斗拱,但斗的做法已经出现了一斗一升、一斗两升、一斗三升,其中以一斗两升较为常见,斗拱的样式还没有定型,出现了多种断面与形式的拱,但多为横拱,没有出挑,这些都使当时的建筑形象丰富多彩;瓦多为筒板瓦,瓦型较大,瓦当样式至秦开始逐步由半圆形过渡到圆形,样式繁多,滴水多为带形和齿形,此时琉璃已经出现,但还未用于屋面(见图 4-2)。

屋身部位的变化上,柱的造型,除了圆柱以外,秦代出现了方柱;到了汉代,更出现了八角柱、束柱等多种形式;柱子普遍比较粗壮,柱直径与柱高比一般为 1:5 左右,窗的形式多以直棂窗为多,也出现了菱形与锁纹窗的形式;栏杆上的望柱、寻杖、阑板等诸构件都已齐备。

台基部分还相对简单,但压阑石、角柱和间柱已经出现;门窗、屋脊装饰等构件也开始变得丰富起来。

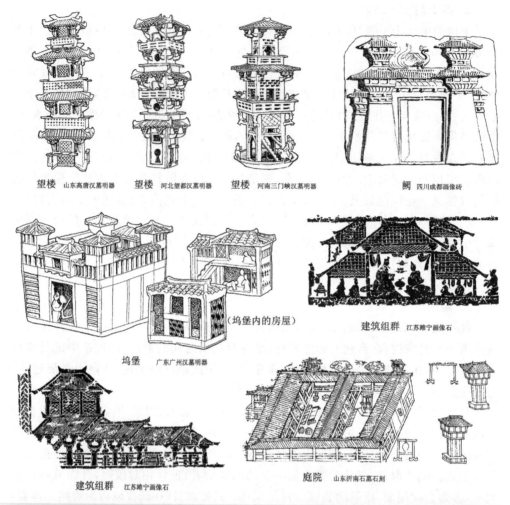

望楼 山东高唐汉墓明器　　望楼 河北望都汉墓明器　　望楼 河南三门峡汉墓明器　　阙 四川成都画像砖

坞堡 广东广州汉墓明器　(坞堡内的房屋)　建筑组群 江苏睢宁画像石

建筑组群 江苏睢宁画像石　　庭院 山东沂南石墓石刻

建筑群 江苏徐州画像石

图 4-2　汉代建筑的几种形式

　　建筑色彩以朱、白为主,秦汉时期砖石用于建筑有了很大的进展,但是主要用于地下墓室、军事防御工程与市政工程的修建。

　　建筑造型与细部形象主要出现在汉阙、汉墓、墓祠、明器上(见图 4-3)。

图 4-3　四川雅安市高颐墓阙立面图

4. 三国、两晋、南北朝

三国、两晋、南北朝时期是中国历史上政治不稳定、战乱连年的时期,建筑的发展在三百年里处于比较缓慢的状态,但是佛教建筑与自然式山水园林的发展有着较为突出的成就,为后来中国传统建筑在下一个时期的新发展准备了条件。建筑形态与立面的演化也是围绕这些建筑上的进展展开的。整体上来说,建筑形象上从初期的粗犷而略带稚气转向后期的雄浑而刚中带柔。

塔是该时期出现的新的建筑形象,这一时期塔的类型多为楼阁式塔与密檐塔,国内现存最早的北魏时期的嵩岳寺塔是这一时期的密檐塔的典型代表,标志着当时砖石建筑水平有很大的提高(见图 4-4)。

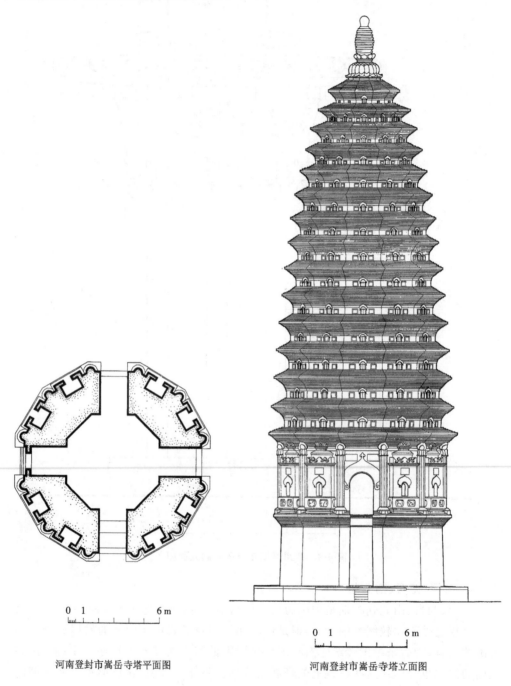

0 1   6 m

河南登封市嵩岳寺塔平面图

0 1   6 m

河南登封市嵩岳寺塔立面图

图 4-4　河南登封市嵩岳寺塔

屋顶的演变进展是由前期的直坡屋面逐渐演变成四角起翘的曲面形态,这一变化也成为以后中国传统建筑的突出特色之一,屋面形式的转变使得正脊的形式也由汉代少数实例中仅两端起翘,进而出现了连续的和缓曲线生起。檐口的形式则多为中间平直,两端起翘。屋顶出现了勾连搭与悬山加左右庑两种新形式,脊饰多以鸱尾为题材,正脊中央与斜脊上已经出现了动物题材的脊饰。屋面下的椽子除了汉代时期的圆形断面还出现了方形断面;琉璃瓦已经开始使用于屋顶,以黄色和绿色琉璃瓦为主,瓦当的样式以莲花和井字形分格,格内有图案的样式最多。

屋身的变化以梁枋与斗拱上的变化为甚,斗拱已经逐渐走向定型,柱头大斗(栌斗)已经开始除去承受上部斗拱的同时也开始有内部梁架穿插其上,汉代常见的人字拱大多由直线改为曲线,出现了重拱的样式,补间铺作多用人字形拱。至南北朝后期,已经出现了昂,这使斗拱的力学特点更趋合理并使挑檐距离大为提高。梁枋的演进在这一时期也对后期的建筑形象产生了重要的影响。南北朝时期以前多将梁枋置于柱顶,而隋唐之后则移到柱间,南北朝时期正是这种做法的开端。柱子也开始变得纤细起来,方柱与圆柱也多有收分,此外,在河北定兴北齐石柱上还出现了梭柱。伴随佛教的传入,出现了束莲柱的新形式,以及覆盆与莲瓣两种新的柱础。立面勾栏的形式除去汉代的栏杆样式外还出现了勾片式的栏板。

台基的处理也变得细致起来,出现了有直线叠涩和束腰的须弥座,多用于塔基。台基外侧出现了散水。

建筑立面装饰也随着佛教的传入而出现多种新的装饰题材,其中对后世影响较大的是莲花纹、卷草纹和火焰纹。

5. 隋、唐、五代

这一时期是中国封建社会前期发展的高峰时期,也是中国古代建筑发展的成熟与定型时期。中国传统建筑形成了完整的体系,建筑形式与立面造型愈加丰富多彩。特别是唐代,建筑风格雄浑豪迈,整体风格有机统一,屋顶舒展,出檐深远,斗拱宏大,形制齐备,细部简洁,装饰优美,体现了建筑在中国封建社会发展高峰时期辉煌灿烂的成就(见图 4-5、图 4-6)。具体表现在以下几部分。

屋顶部分,唐代的屋顶形式已经比较完备,除去硬山以外,今天已知的如庑殿、歇山、悬山、攒尖、盝顶等均已出现,屋顶坡度比较平缓。那一时期,屋顶的形制已经有严格的规定;正脊有生起,两端的脊饰由初期的鸱尾逐渐向含脊的鸱吻形象过渡(多见于唐代中晚期),戗脊上的坐兽也已出现,但数量很少,多仅施一枚。歇山收山很大,山花部分向内凹入较深,山花装饰多用博风板与悬鱼。檐口形式也是平直与生起并用。瓦的使用主要有灰瓦、黑瓦和琉璃瓦三种,依据建筑物等级的高低而采用。灰瓦多用于普通建筑,黑瓦则多用于宫殿与寺庙上,琉璃瓦多用于皇家建筑。琉璃瓦以黄、绿、蓝色为主,多采用剪边的手法;据记载,还有金属瓦材料的出现;瓦当多为莲瓣图案,滴水多为条带状的重唇形式,垂状滴水则到宋代才有记载。

斗拱的定型在唐代表现得十分明显,其形制已经发展成熟,其构件之间存在明显

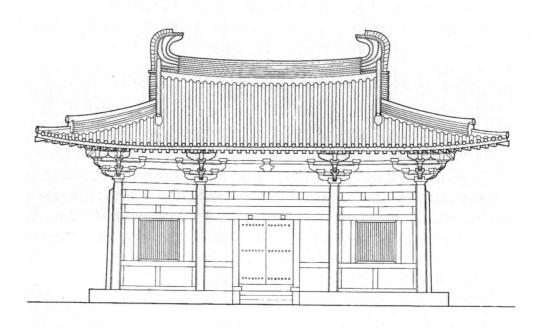

0　1　2　3 m

图 4-5　山西五台县南禅寺大殿立面复原图

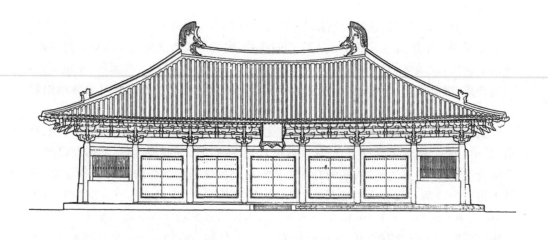

0　1　5 m

图 4-6　山西五台县佛光寺大殿正立面图

的比例关系;面阔、进深、柱高一般都是"材"的整数倍。

屋身方面,唐代的建筑立面面阔组成有两种方式。一般来说,都是明间大而左右间小,但大明宫遗址的开间则基本相同,佛光寺中央五间的面阔也基本相同,而左右梢间略窄,不同于五代时期以后一般各间面阔呈现逐间递减的情况;柱子一般都较为粗壮,侧脚与生起显著,柱础无论莲瓣还是覆盆,一般都较为低矮,阑额位置一般多与柱上端对齐。不施用普拍枋,阑额至角柱不出头,梁枋较粗壮,断面常见比例为1:2。墙体多为板筑夯土或土坯垒砌。门窗样式上,唐代直棂窗比较盛行,唐末实例中还出现了龟锦纹窗棂。到了五代末年,则出现了花纹繁复的球纹。出现了格扇门,但不及板门(棋盘门)使用得普遍。

台基主要有素方台基、上下枋台基、须弥座台基样式等,中唐之后出现了在束腰上下加覆、仰莲的须弥座,使用范围也由塔基扩展到殿堂台基。

唐塔以楼阁式塔、密檐塔和单层塔几种为主,塔身多为四边形。

唐代的木构遗留以山西五台县佛光寺大殿和南禅寺大殿为主要代表,是我国现存最早的一批木构实物。

6. 宋、辽、金

北宋建筑的总体风格是从唐代的雄浑豪放向柔和精细方向上转变,建筑造型变化多样,属于一个多变化的时代。构件上卷杀使用得很普遍,细部装饰制作精细,样式繁多,色彩华丽隽秀(见图4-7)。

辽代建筑的风格继承了唐朝简朴雄浑的风格,在整体及各部分的比例上和唐代

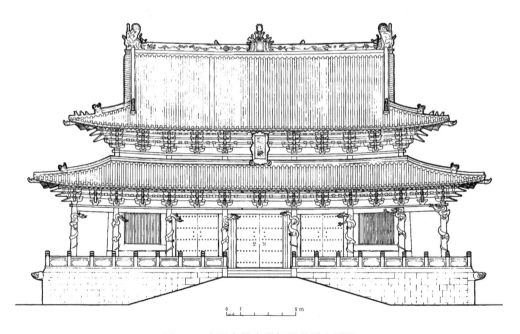

图4-7 山西太原市晋祠圣母殿立面图

非常接近而与北宋迥然不同,辽代在唐代的风格基础上有所发展,在细部上,阑额上使用了普拍枋;斗拱上使用斜拱也已经是非常普遍的现象。金则是辽与宋代风格的糅合,在外形比例上,开间比例已经成为长方形。斗拱的做法却与唐代、辽代一脉相承,在辽代斜拱上发展出了更加复杂的类型,装饰上则与宋朝柔和灿烂的风格相仿而更加色彩斑斓(见图4-8、图4-9)。

图 4-8　天津蓟州区独乐寺观音阁

宋代的建筑形式与立面上的演变有如下特点。

屋顶坡度较唐代变陡变高,正脊有生起,脊端装饰多用鸱吻,檐角起翘明显,整个檐口也呈现两端上翘的和缓曲线;在重要建筑上琉璃使用比较普遍,已经出现了满铺的做法,剪边的做法依然存在。

斗拱尺寸与唐代相比,模数化特征更加明显。斗拱构件尺寸变小,补间铺作加多,有的多达3朵,转角斗拱发展成熟。这一方面反映出宋代对建筑材料与结构性能认识的提高,斗拱的力学作用开始减弱,另一方面则表现出建筑风格上对于装饰与艺术形象精细化的要求。

屋身由于自五代起高座具的普及等原因,建筑物屋身的高度提高,面阔的组织方式也较唐代发生变化。房屋面阔从当心间起向左右逐间递减,形成主次分明的开间格局,除去当心间外,其余各个开间不像唐代那样呈现正方形的形式,而转向竖向的矩形。柱子比例加长,梭柱采用很普遍,柱子、柱础的样式多样,柱侧脚明显。大量使用石柱于高级建筑上,柱上雕刻装饰精细,甚至采用镂空的做法。门窗形式多样,槅

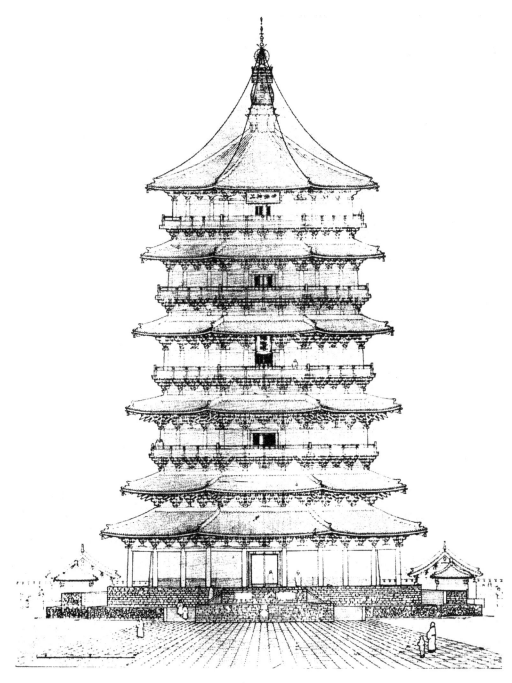

图 4-9 山西应县佛宫寺释迦塔立面图

条组合非常丰富,可拆卸的支摘窗采用很普遍,大大改善了唐、辽建筑上采光不佳的情况,唐代已有的格扇门此时采用得更加普遍了。唐代以后,已经出现了格子门(清代称为隔扇），宋《营造法式》记载的小木作中，有板门、乌头门、软门及格子门四种。其中，乌头门（又名棂星门）为装置在庙宇类建筑院墙中间栅栏式的大门。明清建筑仿其遗制，仍可见这种棂星门。《营造法式》中所谓的"用辐"（穿带）、"合板软门"仍属板门类型，类似明清时的屏门。格子门的出现，是装修的一个发展标志，有斜方格眼、龟背纹和十字纹等数种样式。窗以破子棂窗和板棂窗为主要形式。另外此时还出现了横陂窗与格门、槛窗组合在一起的形式。

台基方面，高等级的建筑采用砖石建造的须弥座的方式比较常见，须弥座做法比唐代明显丰富繁茂，雕刻精细。

建筑色彩方面，一改唐以前以朱、白为主的情况，大量采用退晕的彩画技法，官式建筑按照等级差别有五彩遍装、青绿彩画和土朱刷饰三类共九种彩画方式。南方住宅和园林则多采用栗色或是黑色涂柱梁等结构构件，其上不施彩画，整个色彩淡雅和谐。而地方民居则多采用木制构件保留木本色，且墙面刷白的方式，效果简洁明快。

宋代砖石技术进步显著，相应的砖石雕刻技术也有很大的提高。从《营造法式》的规定来看，立面构件按照其高低起伏有高浮雕（剔地起突）、浅浮雕（压地隐起）、线刻（减地平钑）和素平四种。

7. 元代

元代建筑是中国传统建筑发展相对停滞的时期，但各种宗教建筑十分兴盛，产生了一些新的建筑类型，建筑风格上表现出多民族风格融合的情况，风格上属于一个奇异的时代。例如，当时在中原地区出现的喇嘛教寺庙、喇嘛塔等；在西北、华北以及东南沿海地区出现清真寺等新的宗教建筑；而西藏等地区的喇嘛庙也受到中原地区的木构架技术的影响，如西藏萨迦南寺与北寺、夏鲁寺等都可以作为其中的代表（见图4-10）。

木构建筑方面，仍然是继承宋、金的传统，局部有所创新。在结构做法方面，由于社会经济的凋敝，结构构件大多施工草率。在立面造型方面，宋、金以来过于烦琐的立面构件有所简化，典型建筑以山西洪洞广胜下寺和山西永济（后因兴建水库迁至山西芮城）永乐宫为代表。其中后者的木构架除了采用起于辽代的减柱造外更多地保留了宋代的传统（见图4-11）。

8. 明、清

明、清两代是中国古代建筑发展的最后一个高峰，建筑体系也在这一时期到达了高度成熟的阶段。各种建筑样式都已经非常成熟，宋代以后厅堂式木构类型逐渐取代了殿堂式结构类型，这标志着木构的整体性不断加强，而梁柱结合方式与斗拱构成逐步简化，同时斗拱由原来的结构构件逐渐蜕化成为装饰构件。建筑建造的标准化程度加强，明代在经过元代变化和简化的基础上再次趋于定型化，清工部颁布的《工程做法则例》统一了官式建筑构件的模数和用料标准，使得立面风格与造型变得更有规律性，整体上属于一个规范化的时代。

从官式建筑上来看，一方面整体风格走向沉重而严谨，稳重而拘束，建筑物不像

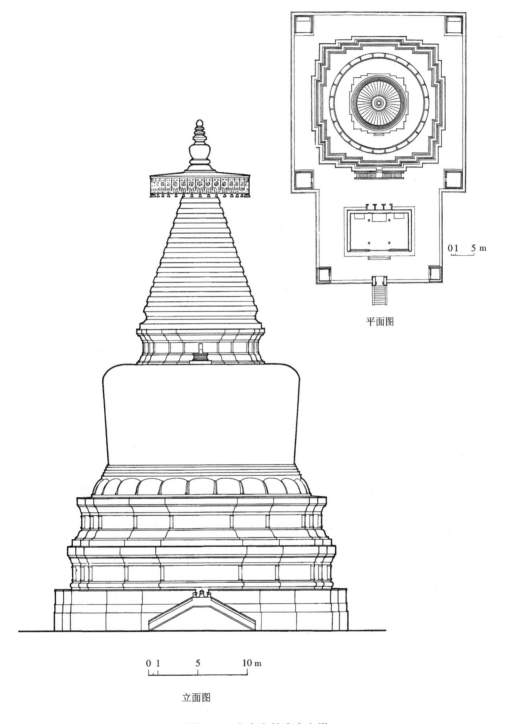

平面图

立面图

图 4-10 北京市妙应寺白塔

前代那样柔和而具有弹性，装饰则更加趋向于烦琐，整部《工程做法则例》将单体建筑固定为 27 种具体的房屋类型，对大小、样式都做了严格的规定；另一方面，明、清两代在总体布局上的成就造就了建筑群组立面组合上的高度成就，北京故宫与天坛就是其中的杰出范例（见图 4-12）。

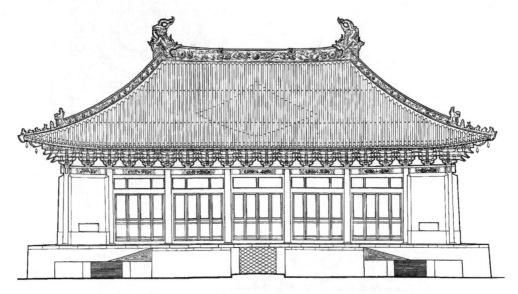

图 4-11　山西永济市永乐宫三清殿正立面图

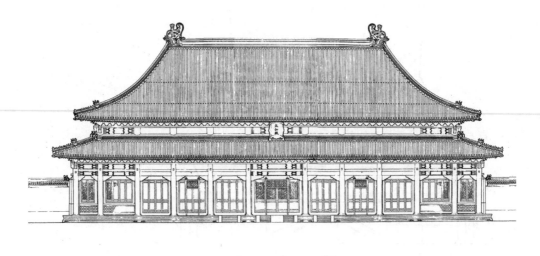

图 4-12　北京故宫太和殿正堂立面图

在民间建筑上，一方面趋向于标准化，而另外一方面各地民间建筑都在自己的基础上取得了很多的发展，所以明、清两代各地建筑的地方特色更加明显。

自明代开始,由于砖产量有了很大的提高,砖石建筑进一步发展,出现了全部用砖券结构的无梁殿。民间建筑也很多都开始用砖作为主要建筑材料。明代开始,出现了硬山的屋顶类型。

4.2 传统建筑立面设计的样式选择与一般方法

4.2.1 传统建筑立面设计总体原则

传统建筑的设计过程在立面设计时,往往在设计建造之初就要确定所设计建筑物的样式,此时应考虑到以下各方面的因素。

传统建筑样式在中国经过数千年的漫长演变,不同时期的各种风格各具特色,在进行设计时,应该充分考虑时代的特点。在选择不同时期的历史建筑样式作为设计蓝本时,应注意该地区历史上曾经流行的样式的时代特点,进而避免出现与设计目标和现有周围历史建筑样式不协调而产生的矛盾。

在研究周围建筑人文环境的同时,应充分考证历史文献,从历史记载中发现该地区或特定建筑的历史风格特点与演变过程。还应充分考虑到当地的住宅立面风格与特色、材料与特殊构造。如果采用现代材料加以施工,就要解决如何与传统建筑样式相结合的问题,在比例尺度、样式与风格的选择上应做通盘的考虑。其中,不同的建筑功能、环境与结构类型可能都会导致建筑立面造型选择上的变化。

随着社会的不断发展,建筑物的样式、功能对建筑形式的要求也越来越丰富与复杂,无论是建筑的高度、跨度还是立面的功能都已经发生了巨大的变化,这就要求我们在处理传统样式的立面设计时应兼顾当代社会对建筑立面在形式、功能、环境、生态等方面更多的要求。

4.2.2 不同类型的建筑立面与样式的选择与设计原则

1. 居住建筑

中国传统居住建筑样式非常多样。以地域来看,在北方平原地区有北京四合院住宅;黄河中上游地区有利用黄土高原的窑洞建筑;长江中下游地区则以天井院建筑为多,其中以江南民居与安徽民居最具代表性;西南民居则以四川、湘鄂西吊脚楼、云南一颗印住宅、傣族竹楼等为代表;北方少数民族地区则以蒙古毡包、西北新疆的土墙平顶或土墙拱顶建筑(阿以旺)为代表,西藏地区则有土石木混用的碉楼,在东北与西南林区则发展出利用原木叠垒而成的井干式建筑。在进行立面设计时,应该充分考虑到以下两点。

① 对周边传统民居的建筑样式与风格有充分了解,应做相应的调查与研究。掌握与挖掘该地区的建筑立面样式的尺度与比例,造型中具有代表性的细部,在此基础上进行设计。应该充分考虑到当地的民间做法。各个地区的建筑立面经过长期的演

变,都有一套针对当地气候、水文地质、地形地貌有良好适应性的做法,应该重点考察当地的立面材料与做法、色彩与装修等方面,在设计的时候应该充分加以调查研究,取长补短。这样,才能设计出既具有地方传统特色同时又经济适用的立面样式。

② 应该充分考虑到今天居住类型建筑对于功能、尺度、技术等方面的要求。

2. 公共建筑

随着社会的发展,近现代公共建筑的样式与类型非常多样化,功能要求也日趋复杂,相应的对于造型与立面设计的要求复杂性大大提高。针对现代使用功能的要求,在立面设计上应该充分考虑到现代建筑对于层高、空间以及采光、通风等方面的技术要求。同时今天的设计规范在防火疏散、节能降耗、设备暖通等方面也有许多需要立面设计相配合的地方。在设计时候,应注意以下原则。

① 立面造型应该服从设计的使用功能需要与建筑的整体布置方案。不能只考虑形式而不顾及建筑的整体使用要求。传统的做法在与相应的建筑强制规范有冲突时,应以现行规范为准,灵活运用设计的手法。

② 充分考虑到各种技术措施与立面的协调问题。应该充分地挖掘传统建筑丰富的造型语汇并加以提炼。

③ 充分考虑所选择的样式在现在的材料、施工、环境下的可行性,做出适当的调整与变通。

3. 宗教建筑

宗教建筑严格意义上属于公共建筑,单独列出来是因为传统建筑样式在今天这类建筑上的使用比较普遍与多见,中国是一个多民族多宗教的国家,世界上主要的宗教类型在国内都有传播与信仰,而宗教建筑在过去往往是对宗教教义的一种宣传工具,有着自身的特点与规定,今天在进行这类建筑的造型设计时应该充分考虑到以下几点。

① 充分尊重宗教对于建筑形制与立面上的要求。国内常见的宗教建筑有佛教建筑、道教建筑、伊斯兰教建筑与基督教建筑几类,各种宗教都有自己对于建筑的一些习惯做法,应该在充分了解与考察的基础之上进行设计。

② 充分考虑到宗教建筑的地域特点。同一种宗教,在不同地方往往有自己的做法与规定,在设计时应该充分考虑各地方与民间的做法特点。对一般的设计规则应该灵活运用。

4. 风景建筑与园林建筑

中国传统的风景建筑和园林建筑的立面设计有自己的特点与要求,其基本原则如下。

① 建筑在园林中要与山水景观有机结合,风景园林建筑在进行立面设计时,应该在尺度、形式、色彩上充分与周围山水的形象相配合,不能过于突出,喧宾夺主。这是进行园林建筑设计的重要原则。

② 中国园林建筑大多布置灵活,随景就势,与其他建筑群体相比,其特点是活

泼、玲珑、空透、典雅。不受住宅建筑必须三间五间的规定,一间半间皆可,比例上讲究轻巧灵动,立面构成上讲究室内外交流。

③ 地域性很强。例如,在色彩上,江南民居多灰瓦白墙、栗色柱枋。而北方民居则雕梁画栋,这些都是和地域的园林景观有机结合的结果。在设计中应该充分予以注意。

④ 园林中的建筑形式的选择应多样化,根据地形变化选择适合的建筑形式。一般平地多用厅堂、楼阁;山坡上下宜用亭子;水池岸边可用轩、榭、画舫之类。

4.2.3　传统建筑立面设计的一般过程与方法

中国古代建筑设计过程中没有专门的立面设计,其设计工作分别由不同的工种完成。但是今天的建筑设计过程已经发生了很大的改变。以建筑师负责的设计体制对于传统的建筑设计提出了新的要求,这就要求建筑师应该通晓与古建筑立面设计相关的问题,这样才能在设计工作中,更好地完成设计的分工与组织工作。一般的立面设计过程是在首先确定平面的基础上,然后根据法式规定或方案要求设计台基、屋身、屋顶三部分,最后完成细部设计。历史上,对于这一过程在宋代《营造法式》和清工部《工程做法则例》等专著中已经有所总结。但是必须指出的是,古代的法式和规定对于今天的设计只是参考,在实际工程中应具体问题具体分析,灵活运用。

下面以清式木构做法为蓝本,分台基、屋身、屋顶三部分论述。

1. 台基(台明)设计

台基的立面尺寸在建筑的通面阔和通进深尺寸确定后,再加上下檐出距离即可得到台基的宽度,可以说,屋檐滴水滴在台基之外即可。

(1)台基

台基立面高度(从土衬石表面到台基上部阶条石上皮),即台基露出地面的部分,又称为台明,官式做法有小式和大式两种。小式台明高度一般为檐柱高的1/5或柱径的2倍,台明由檐柱中向外延伸出的部分为台明的出沿,对应屋顶的上部出檐(上出),又称为"下出"。小式做法下出尺寸是上出的4/5,或檐柱径的2.4倍。大式做法台明高度为台明上皮至挑尖梁下皮高的1/4,台明出沿为上出的3/4。小式或普通台明角部立角柱石(厚、宽同阶条石),中间则一般以砖石砌筑至角柱石上皮平,其上再盖阶条石。柱基础上做石质柱础,柱础做法各种式样,并有明显的地域特征。

高级台基用须弥座,一般为条石和石质雕刻建造,只用一层,特别隆重的可使用三层。单层须弥座总高取地面至斗拱耍头下皮距离的1/4。

(2)踏步

踏步一般有三种:垂带踏步、如意踏步和丹墀。

常见的是垂带踏步。所谓垂带踏步即在踏步两边各有一条斜坡道,称为"垂带石"。踏步布置在明间的阶下,且垂带石中间与明间檐柱中线重合,踏步宽1~1.5

尺,厚 0.3～0.4 尺(清尺一尺为 320 mm),垂带石宽度一般等同于阶条石。

如意踏步不用垂带石,即三方都有踏步,人可以从三个方向上下。在园林建筑中,如意踏步常在台阶两侧置湖石或配置其他景观点缀。

丹墀又称御路,是最高等级的踏步做法,只有皇宫或等同于皇家等级的祭祀建筑如孔庙、岳庙等才能使用。所谓丹墀即中间是斜坡慢道,其上做高浮雕的龙凤云水装饰,慢道两边是踏步。凡做丹墀的建筑一般都是大型殿堂,台基都很高,有时还做两层、三层台基,形成一条很长的御路,北京故宫太和殿前的丹墀就是目前国内现存最大的丹墀。

(3)栏杆

因为级别较高的建筑台基也较高,所以栏杆就成为一种必要。以官式建筑为例,一般宋式重台勾栏每段长七尺,台基平面至寻杖(栏杆扶手)上皮高度为四尺,而单勾栏从台基平面至寻杖上皮高度为三尺五寸,每段宽六尺。清式勾栏只有单片勾栏,台基平面至寻杖上皮高度为须弥座的 19/20,每段宽度则为高度的 1.1 倍,望柱高度约等高于须弥座高度或根据设计而定(见图 4-13)。

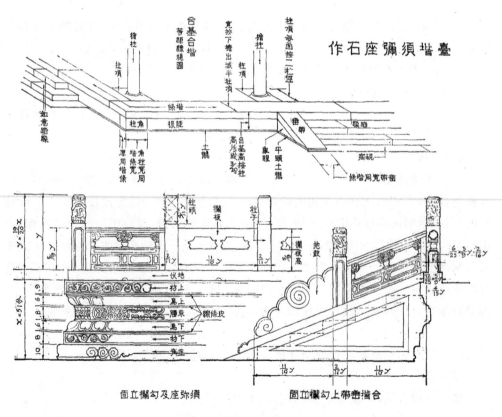

图 4-13　台阶与勾栏详图

2．屋身设计

（1）开间与进深的制定

开间与进深及通面阔、通进深、明间、次间的确定可见平面章节的介绍。

（2）柱子

① 柱高与柱径。古建筑柱子的高度与直径是有一定比例关系的，柱高与面阔也有一定比例。小式建筑，如七檩或六檩小式，明间面阔与柱高的比例为 10∶8，即通常所谓面宽一丈，柱高八尺。柱高与柱径的比例为 11∶1。如面阔一丈一尺，得柱高八尺八寸，径七寸七分。五檩、四檩小式建筑，面阔与柱高之比为 10∶7。根据这些规定就可以进行推算，已知面阔可以求出柱高，已知柱高可以求出柱径；已知柱高或柱径，也可以推算出面阔。

大式带斗拱建筑的柱高，按斗拱口份数定，《工程做法则例》规定，所谓大式带斗拱建筑的柱高，是包括平板枋、斗拱在内的整个高度，即从柱根到挑檐桁底皮的高度。其中"斗拱高"是指坐斗底皮至挑檐桁底皮的高度。70 斗口减掉平板枋和斗拱高度，所余尺寸不足 60 斗口（约 58 斗口）。檐柱径为 6 斗口，约为柱高的 1/10。

② 收分、侧脚。小式建筑收分的大小一般为柱高的 1/100，大式建筑柱子的收分，《营造算例》规定为 7/1000。

清代建筑柱子的侧脚尺寸与收分尺寸基本相同，如柱高 3 m，收分 3 cm，侧脚亦为 3 cm，即所谓"溜多少，升多少"。清式古建筑仅仅外圈柱子才有侧脚，里面的金柱、中柱等都没有侧脚。

需要强调的是柱子收分是在原有柱径的基础上向里收。

（3）斗拱

斗拱在古建筑木构架体系中，是一个相对独立的门类，清代木作中专门有"斗拱作"。

斗拱有很多种。清工部《工程做法则例》用十三卷的篇幅共举出近 30 种不同形式的斗拱例子，而实例中见到的比这还要丰富。

斗拱的种类虽然繁多，但如果按斗拱在建筑物中所处的位置划分，我们可以把它们分成两大类。凡处于建筑物外檐部位的，称为外檐斗拱；处于内檐部位的叫内檐斗拱。外檐斗拱又分为平身科、柱头科、角科斗拱，溜金斗拱，平座斗拱；内檐斗拱还有品字科斗拱、隔架斗拱等。具体的做法详见第 6 章相关内容。

需要强调的是，在进行具体设计时，经常会遇见的一个问题就是房屋的平面已经确定，这个时候往往可以利用面阔与进深的计算方法反推出斗拱的尺寸，具体的做法如下。

带斗拱的大式建筑，其明、次各间面阔的确定，通常有两种方法，一是按斗拱攒数定面阔，如清工部《工程做法则例》卷一规定："凡面阔、进深以斗科攒数而定，每攒以斗口数十一份定宽，如斗口二寸五分，以科中分算，得斗科每攒宽二尺七寸五分。如面阔用平身斗科六攒，加两边柱头科各半攒，得面阔一丈九尺二寸五分。次间收分一攒,得面阔一丈六尺五寸。梢间同,或再收一攒,临期酌定。"这是最常用的确定面阔的方法。实际计算时还应校核留出攒与攒之间的空距。而利用这种方法,可以反过来确定斗拱的大小,即已事先确定面阔,或者已事先确定了一幢建筑的通面阔和开间数,反过来求斗拱的大小。这种情况在做传统样式建筑设计的时候经常用到。遇到这种情况时,通常要掌握以下几个原则。

① 须保证明间斗拱为偶数。

② 次梢间可递减一攒或为明间宽的 0.8 倍。

③ 斗拱攒当大小一般以 11 斗口为率,如果攒当略大于或略小于 11 斗口时,可以将横拱的长度适当加长或缩短(使拱长度与《工程做法则例》规定的 6.2 斗口、7.2 斗口、9.2 斗口略有出入),以进行调整。

④ 斗口大小可按清式规定的等级,取其中一级(如二寸半、三寸),也可按实际情况确定斗口的大小(如 5 cm、6 cm、7 cm 等)。

⑤ 侧立面的斗拱确定方法与此相似,带斗拱的大式建筑的进深,在充分考虑功能要求的前提下,通常按斗拱攒数定,大式庑殿、歇山,山面两至三间不等,每间置平身科斗拱三至四攒。如已事先确定了进深尺寸,则可按反算法确定出每间斗拱的攒数。

3. 屋顶设计

(1) 屋顶式样的设计

古代建筑的屋顶样式类型是多种多样的,以明清的样式为例就有几十种之多,但其中,最主要的有庑殿、歇山、悬山、硬山、攒尖五种基本式样。由此五种基本式样可进一步产生更多的组合屋顶形式。庑殿的样式又分为单檐庑殿、重檐庑殿。歇山也有单檐歇山、重檐歇山、三滴水楼阁式歇山,园林建筑中则常见卷棚歇山。硬山、悬山常见的有一层的也有两层的。攒尖的种类则有各种多边形、圆形及单檐、重檐、多层檐等形式。再加上各种民间样式的屋顶,屋顶式样可谓变化多端,在选择的时候,一般方法有以下几种。

① 在建筑群中,主体建筑使用高等级屋顶式样,而辅助建筑则相对使用等级较低式样,这一般是针对公共建筑而言。居住建筑与园林中则依地方特点与总体设计风格而定,相对较为灵活。

② 单体建筑中的屋顶选择方式应根据具体的建筑类型、整体布局、功能要求与空间形式加以确定(见图 4-14)。

(2) 步架、举架(清式)

步架:清式建筑木构架中,相邻两檩的水平距离称为"步架"。步架依位置不同可分为廊步(或檐步)、金步、脊步等。如果是双脊檩卷棚建筑,最上面居中一步则称为"顶步"。在同一幢建筑中,除廊步(或檐步)和顶步在尺度上有所变化外,其余各步架尺寸基本是相同的。小式廊步架一般为 $4d\sim5d$(d 为檩径),金、脊各步一般为 $4d$,顶步架尺寸一般都小于金步架尺寸,以四檩卷棚为例,确定顶步架尺寸的方法一般是

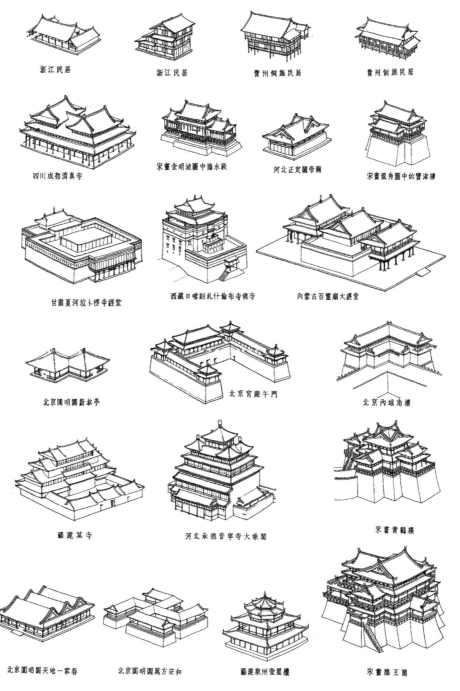

浙江民居　　浙江民居　　贵州侗族民居　　贵州侗族民居

四川成都清真寺　　宋画金明池图中临水殿　　河北正定关帝庙　　宋画龙舟图中的宝津楼

甘肃夏河拉卜楞寺经堂　　西藏日喀则扎什伦布寺佛寺　　内蒙古百灵庙大经堂

北京圆明园爵林亭　　北京宫殿午门　　北京内城角楼

福建某寺　　河北承德普宁寺大乘阁　　宋画黄鹤楼

北京圆明园天地一家春　　北京圆明园万方安和　　福建泉州奎星楼　　宋画滕王阁

图4-14　中国古代建筑屋顶——组合形体举例

将四架梁两端檐檩尺寸均分五等份,顶步架占一份,檐步架各占两份。顶步架尺寸最小不应小于 $2d$,最大不应大于 $3d$,在这个范围内可以调整。带斗拱大式建筑的步架尺度一般为檩径的 4～5 倍,具体尺寸要视房座进深大小、梁架长短、需要分多少步架来确定。带斗拱的大式建筑,除廊步以外,其他步架(即檩子间距)的大小与山面斗拱的攒数没有直接对应关系。

以上计算步架的方法是清代官式做法的规定,在现代设计时可用以借鉴,但不一定受此拘束。步架的尺度可以根据屋顶大小尺度关系自定,按照经验,除挑檐步以外,一般各步宽 600～900 mm 为宜,挑檐步宽 400～600 mm 为宜。

举架:指木构架相邻两檩的垂直距离(举高)除以对应步架长度所得的系数。清代建筑常用举架有五举、六五举、七五举、九举等,具体计算方法见第 6 章相关内容(见图 4-15、图 4-16)。

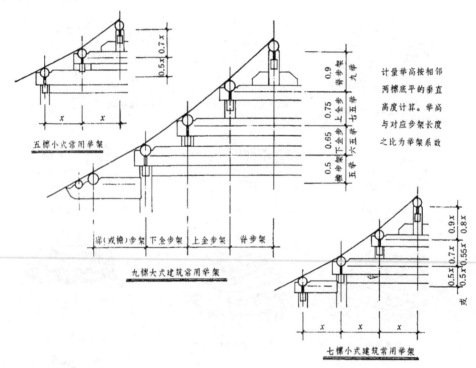

图 4-15　步架与举架

(3)收山和推山

所谓收山,即歇山式建筑两端山花向内收进。目的在于使屋顶不致过大,立面更为美观。收山通常的做法是由山面正心檩中向内侧收一檩径做山花板外皮位置,如小式建筑,则由山面檐檩中向内侧收进一檩径做山花板外皮位置。歇山的收山,不同地区、不同时代的建筑各不相同。上面所述仅为清宫式歇山建筑的收山法则。具体设计方法见第 6 章相关内容。

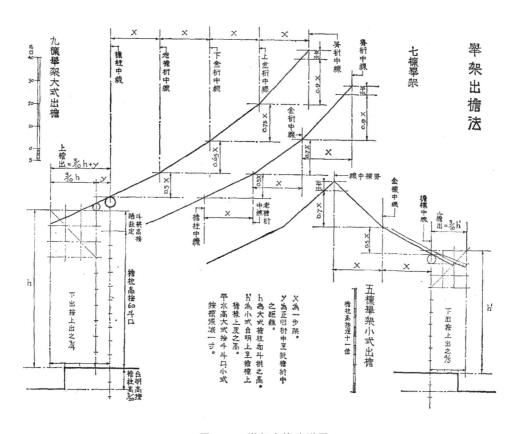

图 4-16 举架出檐法详图

推山是庑殿式屋顶的特殊做法,就是将屋顶正脊加长,两端向外推出,使两山屋面变陡,形成曲线形屋面。屋顶相交的 4 条戗脊变成曲线。具体设计方法见第 6 章相关内容。

收山和推山都是为了使屋顶形象更美观,做歇山式屋顶必做收山;做庑殿式屋顶必做推山。

(4)出檐的确定(出水)

中国古建筑出檐深远,其出檐大小影响到建筑的立面造型,古代建筑的出檐尺寸有相应的规定。清《工程做法则例》规定:小式房座,以檐檩中至飞檐椽外皮(如无飞檐,至老檐椽头外皮)的水平距离为出檐尺寸,称为"上檐出",简称"上出",由于屋檐向下流水,故上檐出又形象地被称为"出水"。无斗拱大式或小式建筑上檐出尺寸定为檐柱高的 3/10。俗谚云:"柱高一丈,出檐三尺。"如檐柱高 3 m,则上出应为 0.9 m。将上檐出尺寸分为三等份,其中檐椽出头占两份,飞椽出头占一份。

带头拱的大式建筑,其上檐出尺寸是由两部分尺寸组成的,一部分为挑檐桁中至飞檐椽头外皮,这段水平距离通常规定为 21 斗口,其中 2/3 为檐椽平出尺寸,1/3 为飞椽平出尺寸。另一部分为斗拱挑出尺寸,即从正心桁中至挑檐桁中的水平距离。这段尺寸的大小取决于斗拱挑出的尺寸的多少(见图 4-17、图 4-18)。

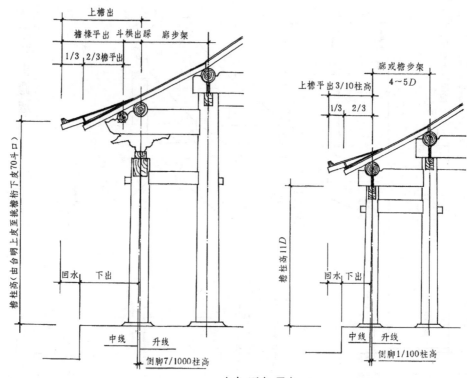

图 4-17　台明与檐部关系详图

(5)翼角起翘

翼角是古代工匠在长期建筑实践中为解决四坡顶屋面檐口转角问题而设计的特殊构造形式。它从出现到形成经历过一个很长的历史过程。由于这部分椽子的排列特点和向上翘起的形状与展开的鸟翼十分相似,人们形象地称它为"翼角"。

翼角是古建筑屋檐转角部分的总称,它是由老角梁、仔角梁、翼角椽、翘飞椽以及联系翼角和翘飞椽头的大小连檐、钉附在翼角椽和翘飞椽上面的檐头望板与垫起翼角椽的衬头木等附属构件组成的。从立面看,翼角部分的檐口是一条由正身椽子开始,逐渐向上翘起的曲线,从平面看,则又是一条向 45°斜角方向逐渐伸出的自然和缓的曲线。

古建筑翼角部分的构成有一定的规律性,形成了一套传统的规矩和做法(见图 4-19)。其中主要要处理好角梁、翼角椽和翘飞椽三部分的尺寸与关系,具体详见第 6 章相关内容。

(6)屋面瓦配件的选择

屋面瓦配件的选择要看建筑的性质,是官式建筑还是民间建筑,是什么样的等级规格,是宫殿、庙宇,还是园林、民居;还要看是什么地方,每一个地方的做法都不一样,切记不能只图豪华气派就选择黄色琉璃瓦(见表 4-1～表 4-3)。

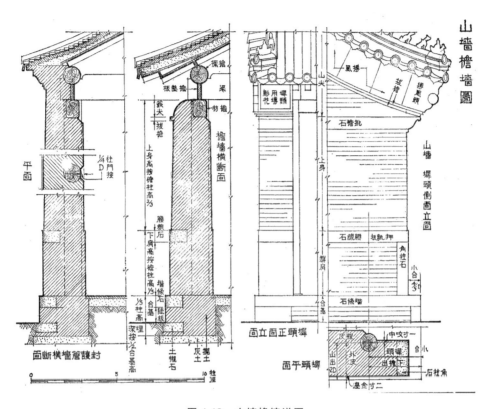

图 4-18　山墙檐墙详图

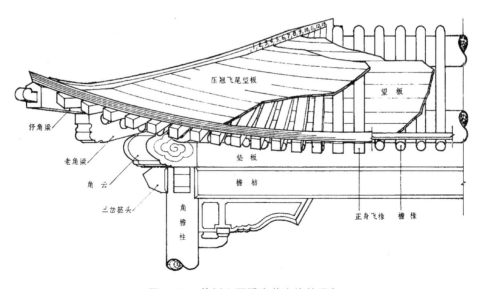

图 4-19　从侧立面看安装完毕的翼角

表 4-1 清式带斗拱大式建筑木构件权衡表   单位:斗口

类别	构件名称	长	宽	高	厚	径	备注
柱类	檐 柱			70(至挑檐桁下皮)		6	包含斗拱高在内
	金 柱			檐柱加廊步五举		6.6	
	重檐金柱			按实计		7.2	
	中 柱			按实计		7	
	山 柱			按实计		7	
	童 柱			按实计		5.2 或 6	
梁类	桃尖梁	廊步架加斗拱出踩加 6 斗口		正心桁中至耍头下皮	6		
	桃尖假梁头	平身科斗拱全身加 3 斗口		正心桁中至耍头下皮	6		
	桃尖顺梁	梢间面宽加斗拱出踩加 6 斗口		正心桁中至耍头下皮	6		
	随 梁			4 斗口＋1/100 长	3.5 斗口＋1/100 长		
	趴 梁			6.5	5.2		
	踩步金			7 斗口＋1/100 长或同五、七架梁高	6		断面与对应正身梁相等
	踩步金枋(踩步随梁枋)			4	3.5		
	递角梁	对应正身梁加斜		同对应正身梁高	同对应正身梁厚		建筑转折处之斜梁
	递角随梁			4 斗口＋1/100 长	3.5 斗口＋1/100 长		递角梁下之辅助梁
	抹角梁			6.5 斗口＋1/100 长	5.2 斗口＋1/100 长		
	七架梁	六步架加 2 檩径		8.4 或 1.25 倍厚	7 斗口		六架梁同此宽厚
	五架梁	四步架加 2 檩径		7 斗口或七架梁高的 5/6	5.6 斗口或 4/5 七架梁厚		四架梁同此宽厚
	三架梁	二步架加 2 檩径		5/6 五架梁高	4/5 五架梁厚		月梁同此宽厚
	三步梁	三步架加 1 檩径		同七架梁	同七架梁		
	双步梁	二步架加 1 檩径		同五架梁	同五架梁		

续表

类别	构件名称	长	宽	高	厚	径	备注
梁类	单步梁	一步架加1檩径		同三架梁	同三架梁		
	顶梁(月梁)	顶步架加2檩径		同三架梁	同三架梁		
	太平梁	二步架加檩金盘一份		同三架梁	同三架梁		
	踏脚木			4.5	3.6		用于歇山
	穿			2.3	1.8		用于歇山
	天花梁			6斗口+1/100长	4/5高		
	承重梁			6斗口+2寸			
	帽儿梁					4.2/100长	天花骨干构件
	贴梁		2		1.5		天花边框
枋类	大额枋	按面宽		6.6	5.4		
	小额枋	按面宽		4.8	4		
	重檐上大额枋	按面宽		6.6	5.4		
	单额枋	按面宽		6	4.8		
	平板枋	按面宽	3.5	2			
	金、脊枋	按面宽		3.6	3		
	燕尾枋	按出稍		同垫板	1		
	承椽枋	按面宽		5~6	4~4.8		
	天花枋	按面宽		6	4.8		
	穿插枋			4	3.2		《清式营造则例》称随梁
	跨空枋			4	3.2		
	棋枋			4.8	4		
	间枋	按面宽		5.2	4.2		同于楼房
桁檩	挑檐桁					3	
	正心桁	按面宽				4~4.5	
	金桁	按面宽				4~4.5	
	脊桁	按面宽				4~4.5	
	扶脊木	按面宽				4	

类别	构件名称	长	宽	高	厚	径	备注
瓜柱	柁墩	2檩径	按上层梁厚收2寸		按实际		
	金瓜柱		厚加1寸	按实际	按上一层梁收2寸		
	脊瓜柱		同三架梁	按举架	三架梁厚收2寸		
	交金墩		4.5斗口		按上层柁厚收2寸		
	雷公柱		同三梁架厚		三架梁厚收2寸		庑殿用
	角背	一步架		1/3~1/2脊瓜柱高	1/3高		
垫板、角梁	由额垫板	按面宽		2	1		
	金、脊垫板	按面宽	4		1		金、脊垫板也可随梁高酌减
	燕尾枋		4		1		
	老角梁			4.5	3		
	仔角梁			4.5	3		
	由戗			4~4.5	3		
	凹角老角梁			3	3		
	凹角梁盖			3	3		
椽连檐、望板、瓦口、衬头木	方椽、飞椽		1.5		1.5		
	圆椽					1.5	
	大连檐		1.8	1.5			里口木同此
	小连檐		1		1.5望板厚		
	顺望板				0.5		
	横望板				0.3		
	瓦口				同望板		
	衬头木			3	1.5		

续表

类别	构件名称	长	宽	高	厚	径	备注
歇山、悬山、楼房各部	踏脚木			4.5	3.6		
	穿			2.3	1.8		
	草架柱			2.3	1.8		
	燕尾枋			4	1		
	山花板				1		
	博风板		8		1.2		
	挂落板				1		
	滴珠板				1		
	沿边木			同楞木或加1寸	同楞木		
	楼板				2寸		
	楞木	按面宽		1/2承重高	2/3自身高		

表 4-2 小式(或无斗拱大式)建筑木构件权衡表　　　　单位:柱径 D

类别	构件名称	长	宽	高	厚(或进深)	径	备注
柱类	檐柱(小檐柱)			11D 或 8/10 明间面宽		D	
	金柱(老檐柱)			檐柱高加廊步五举		D+1寸	
	中柱			按实计		D+2寸	
	山柱			按实计		D+2寸	
	重檐金柱			按实计		D+2寸	
梁类	抱头梁	廊步架加柱径一份		1.4D	1.1D 或 D+1寸		
	五架梁	四步架加 2D		1.5D	1.2D 或金柱径+1寸		
	三架梁	二步架加 2D		1.25D	0.95D 或 4/5 五架梁厚		
	递角梁	正身梁加斜		1.5D	1.2D		
	随梁			D	0.8D		
	双步梁	二步架加 D		1.5D	1.2D		

类别	构件名称	长	宽	高	厚(或进深)	径	备注
梁类	单步梁	一步架加 D		$1.25D$	4/5 双步梁厚		
	六架梁			$1.5D$	$1.2D$		
	四架梁			5/6 六架梁高或 $1.4D$	4/5 六架梁厚或 $1.1D$		
	月梁(顶梁)	顶步架加 $2D$		5/6 四架梁高	4/5 四架梁厚		
	长趴梁			$1.5D$	$1.2D$		
	短趴梁			$1.2D$	D		
	抹角梁			$(1.2\sim1.4)D$	$(1\sim1.2)D$		
	承重梁			$D+2$ 寸	D		
	踩步梁			$1.5D$	$1.2D$		用于歇山
	踩步金			$1.5D$	$1.2D$		用于歇山
	太平梁			$1.2D$	D		
枋类	穿插枋	廊步架＋$2D$		D	$0.8D$		
	檐枋	随面宽		D	$0.8D$		
	金枋	随面宽		D	$0.8D$		
	上金、脊枋	随面宽		$0.8D$	$0.65D$		
	燕尾枋	随檩出梢		同垫板	$0.25D$		
檩类	檐、金、脊檩					D 或 $0.9D$	
	扶脊木					$0.8D$	
垫板类、柱瓜类	檐垫板、老檐垫板			$0.8D$	$0.25D$		
	金、脊垫板			$0.8D$	$0.25D$		
	柁墩	$2D$	0.8 上架梁厚	按实计	上架梁厚的 0.8		
	金瓜柱		D	按实计	上架梁厚的 0.8		
	脊瓜柱		$(0.8\sim1)D$	按举架	0.8 三架梁厚		
	角背	一步架		1/3~1/2 脊瓜柱高	1/3 自身高		

续表

类别	构件名称	长	宽	高	厚（或进深）	径	备注
角梁类	老角梁			D	$2/3D$		
	仔角梁			D	$2/3D$		
	由戗			D	$2/3D$		
	凹角老角梁			$2/3D$	$2/3D$		
	凹角梁盖			$2/3D$	$2/3D$		
檐望、连檐、瓦口、衬头木	圆椽					$1/3D$	
	方椽、飞椽		$1/3D$		$1/3D$		
	花架椽		$1/3D$		$1/3D$		
	罗锅椽		$1/3D$		$1/3D$		
	大连椽		0.4D 或 1.2 椽径		$1/3D$		
	小连椽		$1/3D$		1.5 望板厚		
	横望板				$1/15D$ 或 1/5 椽径		
	顺望板				$1/9D$ 或 1/3 椽径		
	瓦口				同横望板		
	衬头木				$1/3D$		
歇山、悬山、楼房各部	踏脚木			D	$0.8D$		
	草架柱	$0.5D$		$0.5D$			
	穿		$0.5D$		$0.5D$		
	山花板				$(1/4\sim1/3)D$		
歇山、悬山、楼房各部	博风板		$(2\sim2.3)D$ 或 6～7 椽径		$(1/4\sim1/3)D$ 或 0.8～1 椽径		
	挂落板				0.8 椽径		
	沿边木				$0.5D$+1 寸		
	楼板				1.5～2 寸		
	楞木				$0.5D$+1 寸		

表 4-3　清式瓦、石各件权衡尺寸表

构件名称	高	宽	厚	备　注
台基明高 (台明)	1/5 柱高或 2D	2.4D		
挑山山出		2.4D 或 4/5 上出		指台明山出尺寸
硬山山出		1.8 倍山柱径		指台明山出尺寸
山　墙			(2.2～2.4)D	指墙身部分
裙　肩	3.2/3D		上身加花碱尺寸	又名下碱
墀　头		1.8D 减金边 宽加咬中尺寸		
槛　墙			1.5D	
陡　板	1.5D			指台明陡板
阶　条		(1.2～1.6)D	0.5D	
角　柱	裙肩高减押砖板厚	同墀头下碱宽	0.5D	
押砖板		同墀头下碱宽	0.5D	
挑檐石	0.75D	同墀头上身宽	长＝廊深＋2.4D	
腰线石	0.5D	0.75D		
垂　带		1.4D 或同阶条	0.5D	厚指斜厚尺寸
陡板土衬		0.2D		
砚窝石		10 寸左右	4～5 寸	
踏　跺		10 寸左右	4～5 寸	
柱顶石		2D 见方	D	鼓镜 1/5D

4.3　建筑立面形式和功能的配合

4.3.1　建筑立面形式与功能适合的原则

建筑的功能是建筑设计关注的至关重要的问题之一,立面设计也必然体现其功能要求。从功能与样式要求来看,古建筑的设计可以分为两类,一类是传统建筑的样式与传统的功能相一致,例如,园林与景观建筑等;另外一类是传统建筑样式需要满足新的建筑功能与空间要求,例如一些近代出现的图书馆、银行等公共建筑类型。这就必须客观地分析传统建筑形式与立面手法以及建筑功能的适合问题。

4.3.2　建筑的样式需适应建筑功能的要求

建筑类型与样式的发展与社会发展息息相关,传统建筑样式在当代社会中的存在与发展必须与新的功能要求相适应,其布局类型也应根据当代建筑功能的发展有所改变。例如,当代的公共建筑设计,对于大空间的需要比较普遍,与之相应,在立面造型上必然需要做出相应的手法上的变化,采取不同的设计策略加以解决。现代公共建筑具有功能复杂、人流量大、疏散防火要求高等特点,相应地在形式与立面上也有着更高的要求。突出表现在面对大面积、大体量、多(高)层的立面造型,相应的体型与环境的结合、立面的采光通风、细部的装饰风格的要求较高等问题上。

1. 屋顶样式的选择

在大体量的公共建筑立面设计时,要根据建筑的功能要求确定屋顶样式,如观演建筑等类型,要求有集中的大空间,一般可以考虑集中式构图,选择一种屋顶形式配合其他的坡屋顶形式或局部平顶,使建筑对于空间的要求与立面造型有机结合起来,如果是对层高要求较高的建筑,如办公类建筑、学校等,则可以采用分散的屋顶方式,选择一种相对统一的屋顶样式,在大小、高度、细部上做出变化,从而达到既统一又有变化的效果。

2. 多、高层建筑的立面问题

现代建筑随着对经济性要求的提高,建筑密度也常常相应地有所提高,而传统建筑的立面造型多为一至数层,这样就要求在进行设计时要特别注意尺度协调的问题,避免简单的尺寸放大而造成的建筑尺度失常的情况发生。同时也应该看到,传统建筑是有强大生命力的,传统建筑中的许多建筑类型为多层与高层建筑的造型与立面特点提供了丰富的设计语汇与手法,如传统建筑中的塔、城门箭楼、多层的楼阁等,在设计时应该充分吸收与利用其中的造型优点。

3. 立面造型设计与建筑设备的关系处理

传统建筑在建筑设备上相对较为简单,而今天的建筑对于防火疏散、采光通风、给排水、防雷等方面的要求较高。在进行设计时,首先,应该尽量避免外露的设备与传统建筑立面造型产生不和谐与冲突。这就要求在设计时充分利用传统建筑细部较多的特点,将这些建筑设备隐藏起来,或者对传统建筑细部做出相应的处理。其次,应该在建筑立面设计时充分考虑到现代材料的施工与安装方式,避免建筑设备安装与运行不良。

5 古建筑的结构设计

按照今天建筑学的概念来看,建筑结构是指支承建筑主体的部件及其做法,主要包括屋架、梁柱、墙体、基础等,它们是建筑的骨架。与此相对,建筑构造则是指构成建筑的外在各部位的具体做法,主要包括屋脊、屋面、门窗、台基、踏步、地面、室内装修等,它们是建筑的皮肉。结构是需要根据力学原理进行科学计算的,而构造则不需要进行严格的计算。中国古代建筑是工匠们按照经验来建造,没有严格的科学计算。而我们今天有了科学的建筑学的条件,再来设计古建筑,就必须要进行严格的结构计算了,所以古建筑的设计也必须要有结构工程师的配合。古建筑的结构力学计算原理和现代建筑相同,只不过是造型不同而已,因此本书不做专门论述。

按照中国古代营造法的概念,把建筑各部位、各种构件、各个工种、工序分为大木作、小木作、砖作、石作、泥作、瓦作、油漆作、彩画作等。

若将现代建筑学的概念和中国古代营造法的概念比较来看,建筑结构就相当于中国营造法中的大木作和砖作、泥作、石作(墙体和基础)的一部分。

本章所述中国古建筑的结构设计主要论述大木作构架和墙体、基础部分,另外还将论述现代钢筋混凝土结构,以及钢结构在仿古建筑中的应用。

5.1 中国古建筑的主要结构形式及其特点

中国古代建筑的结构设计涉及两个方面:一方面是从中国建筑特殊的造型规律出发,通过特殊的结构手段,来达到造型的目的;另一方面就是整个建筑的支撑体系,即所谓结构形式。中国古代建筑的结构形式若就木结构本身而言,其结构形式有抬梁式、穿斗式、伞架式和井干式等几种。其中主要的是抬梁式和穿斗式两种。若从各种建筑材料及其结构形式全面地看,除了上述几种木结构形式以外,还有砖石拱券结构(陵墓地宫、无梁殿、桥梁等)、生土结构(窑洞)、墙承重结构(山墙搁檩)、筒体结构(塔)等。

5.1.1 特殊的建筑构件——斗拱及其作用

在介绍中国古建筑的结构形式之前,必须介绍一个特殊的建筑构件——斗拱,它和中国木构建筑的结构有着密切的关系。斗拱是中国建筑特有的构件,它是上部的屋顶、屋架与下部支撑构件的柱子之间的过渡。它层层叠起、层层出挑的结构方式,把上部散布在较宽面上的重量集中到一点,传递到柱子上(见图5-1)。斗拱早在秦汉时期就已经基本成形,持续发展,到唐代达到极盛。到宋代,斗拱的结构形式已经

图 5-1　斗拱

完全成熟,并开始衰落。斗拱的体量开始变小,其结构的作用开始减弱,装饰的作用加强。到了清代,斗拱的体量已经缩到最小,结构的作用也减到最小,几乎变成了纯粹的装饰构件。斗拱从大逐渐变小,从结构构件逐渐变成装饰构件,这一过程是中国建筑后期发展的特征之一,也是我们今天判别唐代以后各朝各代建筑的重要标志之一。

斗拱的构造比较复杂,简单概括起来是由斗、升、拱、翘、昂几种主要的构件所组成(见图 5-2)。在不同的时代,斗拱的构造做法有所不同。其中最重要的变化是在元代,元代以前的斗拱有一个斜向的构件——昂(真昂),元代以后的斗拱没有了斜向的真昂,而在水平构件翘的弯头处做出一个斜向朝下伸出的装饰物,被称为"假昂"(见图 5-3)。元代以前的斗拱是真昂,明清的斗拱都是假昂,这也是从斗拱判别建筑年代的重要特征之一。

斗拱在中国古代建筑中是一个关键性的构件,尤其是宋代以后。其重要性在于它是整个建筑的结构模数。中国建筑发展到宋代已经基本完善、定型,其主要的标志就是《营造法式》的推出。它是对过去数千年中国建筑经验的总结。在此基础上,第一次采用了模数制的方法来规范建筑。《营造法式》中提出的模数制叫"材分制",即以"材"作为建筑的模数。"材分八等",以建筑规模大小和等级高

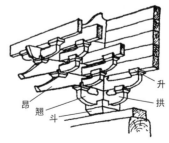

图 5-2　斗拱的构成

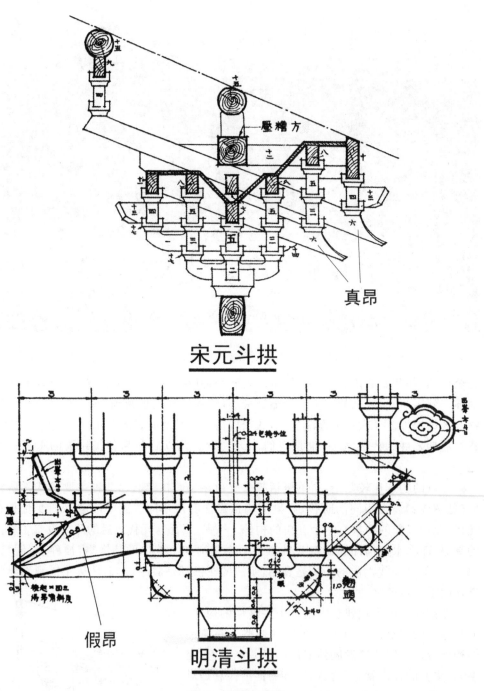

图 5-3　真昂和假昂

低来决定采用几等材,一旦材被确定了,建筑的其他各种构件的尺寸和各个部位的尺寸都用多少个材来计算。例如,柱子的高度是多少个材,直径是多少个材,梁的长度是多少个材,高度、宽度是多少个材,等等。所谓"材",实际上就是拱的断面,其中材高 15 分(即拱的断面高度),厚 10 分(即拱的断面宽度,也就是斗的开口宽度),材上部的栔高 6 分,厚 4 分。栔的高度就是斗拱中上下两层拱之间的距离。这里所说的"分",并不是一个固定的尺度概念,而是一个比例关系。《营造法式》中八个等级的材的比例尺度和适用范围如下(见图 5-4)。

一等材:高 9 寸,厚 6 寸,用于 9 间和 11 间大殿。

二等材:高 8.25 寸,厚 5.5 寸,用于 5 间和 7 间大殿。

三等材:高 7.5 寸,厚 5 寸,用于 3 间和 5 间殿,7 间厅堂。

四等材:高 7.2 寸,厚 4.8 寸,用于 3 间殿,5 间厅堂。

五等材:高 6.6 寸,厚 4.4 寸,用于 3 间小殿,3 间厅堂。

六等材:高 6 寸,厚 4 寸,用于亭榭或小厅堂。

七等材:高 5.25 寸,厚 3.5 寸,用于小殿或亭榭。

八等材:高 4.5 寸,厚 3 寸,用于殿内藻井或小亭榭。

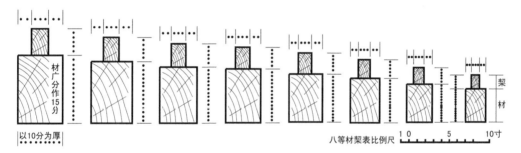

图 5-4　材

到清代斗拱仍然是官式建筑的结构模数,不同于宋代的材,清代用斗口作为模数。所谓"斗口",即坐斗上架设拱的开口宽度,也就是拱的宽度(见图 5-5)。清工部《工程做法则例》中把斗口分为 11 等,按照建筑的等级分别决定采用几等斗口。一旦斗口决定了,建筑上其他构件和其他部位的尺寸都由多少个斗口计算。

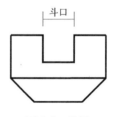

图 5-5　斗口

从一等至十一等斗口的尺寸分别为:6 寸、5.5 寸……1.5 寸、1 寸,以半寸为一个级差(见表 5-1)。在建筑实例中很少使用 4 等以上的级别。

表 5-1　斗口尺寸表

等　级	1	2	3	4	5	6	7	8	9	10	11
斗口/寸	6	5.5	5	4.5	4	3.5	3	2.5	2	1.5	1
毫米制/mm	192	176	160	144	128	112	96	80	64	48	32

　　总之,斗拱是中国古代建筑中一个特殊的构件,也是一个决定性的构件。

　　斗拱也是官式建筑的重要标志之一,它主要是用于官式建筑和民间比较重要的大型建筑上,在一般建筑上是不用斗拱的。我们今天做古建筑设计时并不需要完全按照古代那样,用斗拱(材或斗口)来做标准模数,但是了解斗拱在古建筑中的作用,对于我们深入理解古建筑,进而掌握古建筑设计方法有着重要的意义。

5.1.2　抬梁式和穿斗式结构及其特点

　　抬梁式结构是中国古代建筑最主要的结构形式之一。其做法是在柱子上抬起大梁,梁上承载童柱,童柱再抬起上一层的大梁,梁上再承载童柱,如此层层叠起,所以抬梁式又叫"叠梁式"(见图 5-6)。

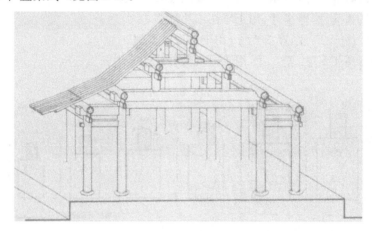

图 5-6　抬梁式结构

　　抬梁式结构的特点是用材粗壮,因而建筑风格厚重雄壮,柱距较大,内部空间较宽阔。其缺点是耗材过多。

　　抬梁式结构是中国古代官式建筑的结构形式,也是北方建筑的基本结构形式。在北方,从皇家宫殿到寺庙殿堂,再到普通百姓的民居都采用抬梁式。在南方,只有大型建筑,如寺庙、会馆、祠堂的大殿才用抬梁式结构。

　　穿斗式结构也是中国古代建筑最主要的结构形式之一。其做法是用较薄的枋穿过柱子,叫"穿枋",瓜柱(童柱)骑跨在穿枋上,叫"骑马瓜柱"。由柱、瓜柱、穿枋构成屋架,檩子直接落在柱和瓜柱之上(见图 5-7)。

　　穿斗式结构的特点是用材较小,节省材料,建筑风格轻巧;结构整体性强,抗风抗震性能好。其缺点是屋架中柱间跨度不大,柱网较密,内部空间受到限制。

　　穿斗式结构的构架中没有梁,只有枋。在中国古建筑的标准构架(即官式的,抬梁式构架)中,顺着屋架方向的水平构件是梁,梁是承重构件,屋架和屋顶的重量全部落在梁上。垂直于屋架方向的水平构件是枋,枋一般是不承重的,主要起联系作用,将各榀屋架联系起来。而在穿斗式结构中,纵向的横向的都是枋,顺着屋架方向的是穿枋,它代替了梁,起承重的作用,垂直于屋架方向的是联系枋。

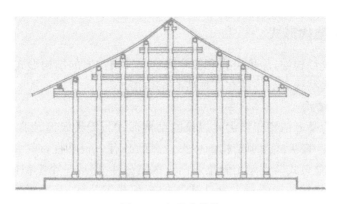

图 5-7 穿斗式结构

穿斗式只是南方民间建筑的结构形式,广泛用于民居、寺庙、祠堂、会馆等建筑中。但是在南方,有些寺庙、祠堂、会馆中的主要殿堂常用抬梁式结构或抬梁和穿斗相结合的结构形式。这是由两种结构的不同特点决定的,因为抬梁式柱间跨度大,适宜于殿堂等内部空间较大的建筑,而穿斗式柱网较密,不太适宜于这类建筑。

由于穿斗式结构是南方民间建筑的结构形式,所以官方的建筑典籍《营造法式》中没有提及。姚承祖所著《营造法原》,是对南方地区的民间建筑比较全面的总结,其中对穿斗式结构有比较详细的论述。

另外,在檐口出挑的方式上,抬梁式和穿斗式也各有特点。抬梁式屋架檐口出挑要靠斗拱,凡做斗拱就比较复杂了,因此也可以说只有比较重要的建筑才做斗拱。北方民居也用抬梁式结构,而民居一般不做斗拱,因此北方民居的屋檐出挑都很浅,仅用砖砌叠涩出挑,这恰好符合了北方寒冷、干旱少雨的气候条件,民居不需要防雨防晒,短小的屋檐就可以了。穿斗式屋架的屋檐出挑是靠穿枋伸出一步挑起一根檩子,既简单又可以挑出较远。南方的气候特点是炎热多雨,因此,民居建筑需要出挑深远的屋檐以防晒防雨,尤其在西南地区的四川、贵州等地,有些建筑屋檐甚至挑出两步,形成所谓"七字挑枋"(见图 5-8)。屋架结构形式和气候条件、建筑造型、建筑风格有着密切的关系。

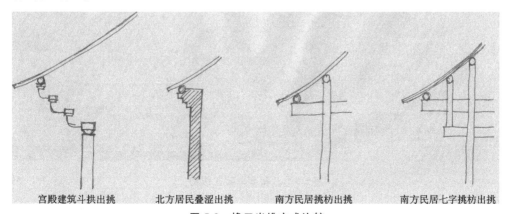

宫殿建筑斗拱出挑　　北方居民叠涩出挑　　南方民居挑枋出挑　　南方民居七字挑枋出挑

图 5-8 檐口出挑方式比较

5.1.3　其他结构形式

在木构建筑结构中,除抬梁式和穿斗式这两种最主要的结构形式以外,还有伞架式结构和井干式结构,此外,还有各种砖石结构形式。

1. 伞架式结构

伞架式结构是专门用于攒尖式屋顶的结构形式。攒尖式屋顶常见的有四角、六角、八角和圆形。攒尖式屋顶结构的中央最高处必有一根童柱,叫"雷公柱",用以支撑尖顶。所谓"伞架式",就是用斜梁斜向支撑雷公柱,组成一个类似雨伞的结构形式(见图5-9)。如果用抬梁式或者穿斗式结构来承载雷公柱,其大梁或穿枋势必在雷公柱下部的同一水平高度的中心处相交,每根梁、枋都必须开榫口互相咬合,但在受力最重的关键点上开榫口,会削弱其强度。四角攒尖是两根梁相交,还勉强可以,而六角攒尖是三根梁相交,八角攒尖是四根梁相交,在这些情况下,要开榫口互相咬合在受力上就是很不合理的了。而伞架式结构就很好地解决了这一问题。这种结构形式在《营造法式》中已有介绍(见图5-10)。

图5-9　八角亭伞架式结构

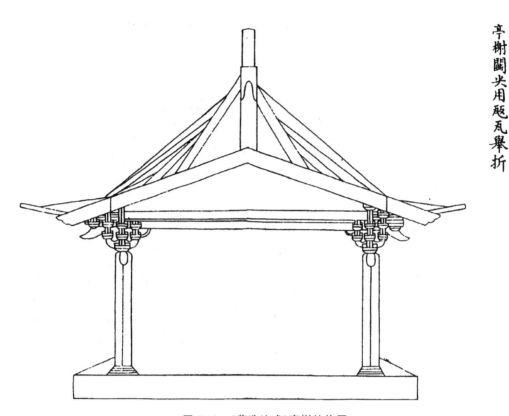

亭榭鬭尖用甋瓦擧折

图 5-10 《营造法式》亭榭结构图

2. 井干式结构

井干式结构其实并非什么"结构",就是用原木平行并列拼成墙壁,四面围合,直接支撑屋顶,不用屋架(见图 5-11)。这种建筑形式并不是中国独有的,许多国家都有。因为它耗材较多(全部墙壁都用原木做成),所以一般只在盛产木材的林区采用这种形式。

3. 砖石拱券结构

砖石拱券结构是古代砖石建筑技术发展的产物。中国古代的砖石技术首先是从陵墓地宫、地下给排水设施、桥梁等建造过程发展而来。砖石拱券的特点是不需要用大型构件(柱、梁、枋等),只用小块的建筑材料(砖块、石块)就能做出大跨度的空间,因此,人们俗称这类建筑叫"无梁殿"。砖石拱券建筑的形象厚重朴实,庄严肃穆,常被用来建造祭祀性、纪念性建筑。国内现存古建筑中比较著名的拱券式建筑有南京明孝陵无梁殿,北京天坛斋宫主殿等(见图 5-12)。除此之外,数量最多的拱券式建筑还是陵墓地宫和桥梁。

4. 承重墙结构

所谓承重墙结构,就是不用屋架,完全依靠墙体承重。在中国古代的砖木结构、土木结构、石木结构建筑中都有承重墙结构的建筑。这类建筑的特点是不能做大空

图 5-11　井干式民居

图 5-12　天坛斋宫无梁殿

间,每个开间之间都有墙壁,屋顶檩子两头直接搭在墙上,民间称之为"山墙搁檩"(见图 5-13)。因为不能做大空间,所以这种形式一般只用于民居以及一些民间的小寺庙等建筑中。

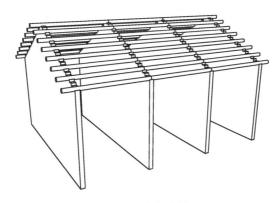

图 5-13 山墙搁檩

5. 筒体结构

人们都知道筒体结构是现代高层和超高层建筑常用的结构形式之一,而实际上中国古代建筑中就已经有了这种结构形式,只是其所用的材料不同而已,结构原理却是同样的。中国古代的塔就大多是采用筒体结构,而且还有两种类型。一类是砖木结构的塔,其中央是一个砖石砌成的塔心,周围环绕着一层层的木构楼阁。其结构原理实际上就是建筑的中央设一个砖石的"筒",四周环绕中央筒搭建木构的框架,相当于今天高层建筑的框架筒。另一类是纯砖石结构的塔,其结构形式是中央一个砖石构成的筒体,外壳又是一个砖石筒体,内外两层筒体之间是楼梯踏步盘旋而上,楼梯踏步就成了两层筒体之间的联系。这就相当于今天高层建筑的套筒(筒中筒)结构。

5.2 结构形式的选择

5.2.1 木构建筑的结构特点

中国古代建筑以木结构为主,所谓木结构主要指最重要的支撑体——屋架是木构,而对墙体等相对忽略。不论是全木结构还是砖木结构、土木结构、石木结构,除了井干式结构、承重墙结构、砖石拱券结构、筒体结构这几种结构形式之外,其他几种最主要的结构形式都是以木构架为主体,而其他材料——土、砖、石等都只是围护结构。从建筑形式和风格来看,以木构为主体的建筑,比较灵活,利于建筑的造型。

从构造的方面来看,当以木结构作为主体,以其他材料作为围护结构时,主体木构架和墙体的关系有如下几种类型。

① 构架柱夹在墙壁中。一种是墙壁很厚,柱子完全埋在墙壁之中,内外都看不见柱子(见图 5-14)。另一种是墙壁和柱子同样厚,柱子在内外墙上都露出来。

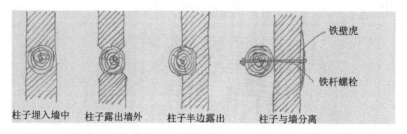

图 5-14　柱子和墙的关系

② 构架柱一半埋在墙壁中,一半露在外。在这种情况下,露在外面的半边柱子朝向室内,外面是墙,内墙露出木柱,这样有利于木构的保护。

③ 构架柱与墙壁完全分离,墙壁靠在柱子外边。在这种墙壁离开柱子完全独立的情况下,墙壁的稳定性不好,需要用特殊的铁构件把墙壁和柱子连接起来。这种铁构件是用一根铁杆穿过墙体和柱子,两头固定,将墙壁和柱子拉结在一起。因为墙体那边的固定需要尽可能扩大受力面积,于是常做成长条形、梭子形甚至其他带有装饰性的形状,紧贴在外墙上,民间称之为"铁壁虎"(见图 5-15)。

图 5-15　外墙上的铁壁虎

5.2.2 结构形式的特点

建筑结构与建筑形式、建筑式样有着密切的关系。一般来说,较大的殿堂建筑,如宫殿、寺庙建筑以及民间祠堂、会馆的主要殿堂等适宜于采用抬梁式结构。抬梁式结构用材粗壮宏大,不仅建筑外观宏伟,而且内部空间宽阔,梁柱粗壮,恢宏壮丽。作为古建筑设计中一个重要方面是要确定建筑的室内空间形式,这与结构有着密切的关系。中国古代殿堂建筑内部有两种做法,一种是做天花藻井,一般是皇宫和重要建筑的主要殿堂采用。藻井天花需做彩画装饰,同时由于天花藻井遮蔽了上部屋架,因此屋架可以不用做得很讲究,这种场合下的屋架被称为"草架"。另一种是不做天花藻井,上部屋架全部露出,这种做法叫"彻上露明造",简称"露明"。露明做法屋架在室内能够全部看到,因此,屋架必须做得很讲究,并附加很多装饰。一般是将平直的横梁做成略微向上拱起的形状,称为"月梁",南方民间称为"冬瓜梁"。在梁的两端和柱子相结合的部位,以及和童柱、檩子相结合的部位做重点的装饰(见图5-16)。

图 5-16　有装饰的露明屋架

今天如果我们采用钢筋混凝土结构做仿古建筑,其屋架形式也可以根据是否做天花来决定。如果做天花,其上部钢筋混凝土屋架就可以做成简易的"人"字形屋架,这可以节省造价。如果是做露明屋架,就必须装模子做仿木屋架形式。

南方地区的传统是做穿斗式结构,今天我们设计南方的传统建筑仍然可以采用这种结构形式。因为穿斗式结构纤细轻巧,所以它只适合于比较小的建筑类型,如民居以及寺庙、祠堂、会馆中比较次要的建筑。在比较大一点的建筑中也可以采用抬梁式和穿斗式相结合的结构形式。穿斗式如果做露明屋架,也要做带有装饰性的构架形式。

攒尖式屋顶应该用伞架式结构,尤其是六角攒尖和八角攒尖建筑,不仅结构合理,内部形象也好看。如果采用钢筋混凝土屋架则可以简化结构形式,但是必须做天花藻井,遮蔽屋架。

砖石拱券结构的特点是墙体厚、空间小,其建筑形象厚重朴实,庄严肃穆。适宜于用来建造祭祀性、纪念性建筑,这类建筑既要求形象庄重宏伟,又不需要很大的内部空间。砖石拱券结构建筑的适用范围较小。

承重墙结构(山墙搁檩),只适宜于小型建筑。因为它没有屋架,檩子两端直接搭在墙上,檩子的长度就是开间的宽度,因此其内部空间受到很大的限制。但是其造价最低,是所有建筑类型中经济成本最低的。民居以及寺庙、祠堂、会馆中的次要建筑,如厢房、斋舍等都可以采用这种结构。

古代建筑中的筒体结构产生于塔中,从两方面来看,一方面塔最适宜于用筒体结构,另一方面,筒体结构也只适用于塔。今天我们进行古建筑设计也是如此,如果要建塔,不论用砖木、砖石还是钢筋混凝土,最好的结构形式还是筒体结构。

5.2.3 钢筋混凝土仿木结构设计

1. 钢筋混凝土仿木结构的结构形式

钢筋混凝土具有较强的可塑性、较好的强度和稳定性,完全可以模仿木结构。在施工过程中可以采用全现浇式、预制装配式、装配整体式等方式,再配合利用木材制作较复杂的花式构配件等,对各种复杂古建筑的模仿都游刃有余。例如,武汉黄鹤楼工程就是一个成功的范例。

钢筋混凝土仿木结构按古建筑形制,一般可采用框架结构、举架结构、框架-剪力墙结构及钢筋混凝土与砖混合结构等。利用钢筋混凝土梁柱的刚性节点代替木结构的各式榫卯接合,能获得较大的刚度、强度及整体性,提高了其承载力与抗震性能。

2. 基础形式

古代木构建筑基础一般用砖或石叠砌,木柱下一般设有石柱础。而钢筋混凝土仿木结构都是钢筋混凝土基础,柱与基础整浇,刚性连接,如按古建筑在柱底靠地面处塞入石柱础,则会使柱底变成铰支座,破坏钢筋混凝土柱的整体性,对抗震不利。为保证柱的连贯性,一般对石柱础的处理有两种方式。第一种方式是柱整体浇筑,完工后再在柱外围贴环形仿柱础石条,常用两个半圆环拼接,接缝处用石头胶黏结并打磨(见图5-17)。第二种方式是柱础石凿出比柱直径小50 mm的圆洞,将柱浇到平地面位置附近(一般低50 mm处),将加工好的柱础穿过柱纵筋固定好,并裹硬塑料膜保护好,这样保证了柱钢筋上下贯通而不破坏柱的整体性(见图5-18)。

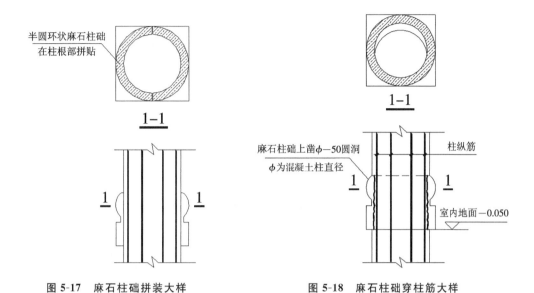

图 5-17 麻石柱础拼装大样   图 5-18 麻石柱础穿柱筋大样

3. 主体骨架

木结构建筑的竖向构件一般较纤细,水平构件较大,尤其是枋的断面薄而高。用钢筋混凝土仿制时,考虑到扎钢筋的构造尺寸后,表面不宜按常规粉灰,应采用清水模捣制,对模板制作工艺要求较高,构件拆模后采取修整打磨并刮腻子灰处理。对于亭、廊等体量小的仿古建筑,其柱截面都会小于现有钢筋混凝土规范的最小构造尺寸,但考虑到跨度与高度不大、荷载小等因素,不必拘泥于现有规范,如扎筋不方便可采用较小的钢筋制作,因其强度已足够;如断面实在太小,可采用钢结构柱或钢管混凝土柱。

对于梁、枋、檩等水平构件,如宽度大于等于 100 mm 时可用普通双筋梁,宽度小于 100 mm 时可采取单筋梁(见图 5-19)。对于非矩形梁可采取加配构造筋处理(见图5-20)。而对于外形有弧度变化的月梁等,则可用原木材或石膏模做成阴模浇筑,也可用土或砂做模在地面浇筑,留预埋钢板焊接拼装(见图 5-21)。当然也可将梁浇成接近矩形,再通过粉灰或包贴木板材做成弧形。

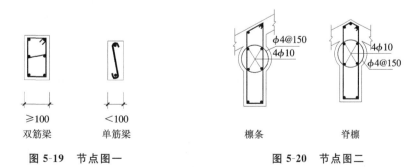

图 5-19 节点图一   图 5-20 节点图二

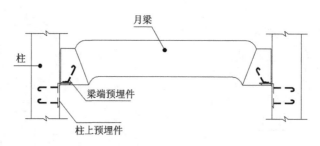

图 5-21　月梁拼装图

4. 楼板、屋面板

对于采用了天花藻井封顶的楼面、屋面板,可按常规钢筋混凝土采用肋梁式平板结构。而要求做露明屋架的部分,则应按仿木构件制作,可采用支模现浇或地面预制再焊接拼装(对于坡度较陡的屋顶用此法更好),也可采用装配整体式的叠合梁板形式,尤其是檐椽部分适宜采用此方式(见图 5-22)。更简单的办法是采用平板式结构,用膨胀螺栓固定木制椽条或梁、枋。屋顶折板面在整形成一定弧度时,不必按古建筑采用麻刀石灰膏,而改用掺粉煤灰、膨胀珍珠岩等强度较好的轻骨料混凝土整形,挂琉璃瓦或筒板瓦时也改用混合砂浆黏结。

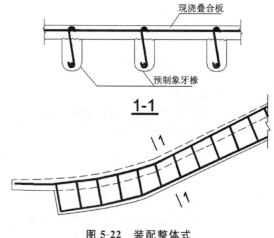

图 5-22　装配整体式

5. 戗角、斗拱等典型古建特色构件

木构戗角起翘弧度大,配有老角梁、仔角梁、檐椽、望板等构件。用钢筋混凝土仿制时,支模较困难,但受力与整体性要比木构件优越,不但将榫卯结合改成刚性节点,且改变了受力性能,仔角梁变为了主要承力构件,老角梁却变为了次要构件(见图 5-23)。现代计算机数字技术在戗角这一类双曲面制作上能起到简化省工的作用,上海下庙钢筋混凝土仿古工程就是利用 3ds Max 的空间建模在平面和立面图中找出空间结构的关键点,自动测出相对坐标,作为施工定位放线的依据而顺利完成施工的。

斗拱虽不是双曲面,但用混凝土整体浇筑也是较费模板并极不方便的。一般按斗拱的斗、升、拱、昂、翘等各分离构件分别浇筑,留预埋铁件现场焊接拼装。在钢筋混凝土仿古建筑工程中,因钢筋混凝土构件的整体性和强度较大,实际上根本无须斗拱的挑托,斗拱已退化成装饰性配件,故斗拱可用纯木制作,通过预埋螺栓拼装上去,这种建筑方式更简便。

歇山、庑殿、重檐也是古建筑最有特点的造型,用钢筋混凝土梁代替木构趴梁、屋架等既可简化施工工艺又能保证古建效果,还改善了受力性能。

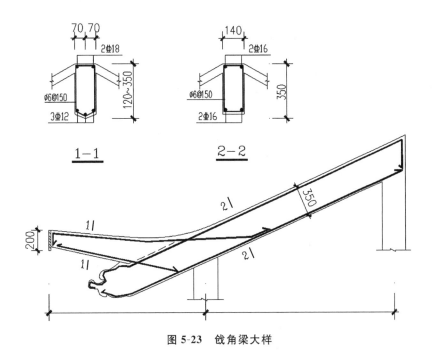

图 5-23 戗角梁大样

其他诸如挂落、卷棚、藻井、雀替、耍头等装饰性配件,一般采用木材制作,装配上去。

5.3 特殊情况下的特殊结构设计

5.3.1 钢结构的应用

1. 钢或钢与混凝土组合结构配合钢筋混凝土仿木结构的应用

在钢筋混凝土仿木结构中对于个别强度要求高,而截面尺寸受到限制的构件可以用钢结构或劲性梁、钢管混凝土柱等组合结构代替。如园林类仿古建筑小品中亭、廊、舫、轩、榭等小尺度建筑中的部分小尺度柱、檩、梁枋等采用钢或组合结构比较方便。这类建筑也可采用钢木组合结构,对受力强度要求高的构件采用钢结构,其他仍用木结构,通过螺栓连接。

2. 钢结构做屋架

仿古建筑的坡顶结构如室内有天花藻井,则可以采用轻钢屋架,在施工和整体经济效益方面比混凝土优越。屋架上一般设钢檩铺木望板再盖瓦,也可采用压型钢板组合屋面板再盖瓦。一些比较简洁的仿古建筑除柱用钢筋混凝土或钢管混凝土柱外,顶部均可采用钢结构或钢木组合结构。

现代大型仿古建筑中,一般开间、进深及高度比古建筑大,采用钢筋混凝土结构按木结构尺度制作构件也满足不了其应力要求,这类建筑一般将除柱以外的构件做成钢混凝土组合结构或全钢结构。在人们目之所及之处用木构装修即可。

5.3.2 文物古建筑的结构修复和加固设计

文物的价值在于它的存在,只有将文物保存下来才能体现出其历史、艺术、科学的价值,因此对损毁较严重的古建进行加固,延长其寿命是古建修缮中关键的环节。中国古建筑主要由木、石、砖、瓦构成,其中瓦材易更换,石材强度与耐久性较好,而砖砌体易产生酥碱、松散、鼓闪,木构件则多见糟朽、虫蛀、开裂、歪闪等损坏。下面介绍几种通常用于砖石砌体和木构件的加固措施和方法。

1. 砌体的加固措施

(1)拆砌

当墙体碱蚀、酥松、空鼓、歪闪较严重,及裂缝明显,靠剔凿、挖补、摘砌无法维修时,应拆除重砌。拆砌危旧墙体应尽量按原形制、原材料、原工艺、原做法,使其外形、色彩、尺度与原有墙体协调一致。对受力关键部位,在不影响外观的前提下,必要时可采取新材料、新技术,或增加圈梁等改进措施。

(2)灌浆加固

当墙体开裂、松散、空鼓严重,采取拆砌工期长不方便,以及对历史风貌保存不利时,可采取压力(以低压力为宜)灌浆的技术予以加固。灌浆材料一般采用水泥浆,或水泥、细砂、白灰膏混合料,以及环氧树脂等结构胶。对空鼓墙体的加固应在墙上钻600 mm 间距梅花状斜孔,灌浆前应用高压气体将砖缝中的灰尘、杂物去除,墙体应通过注入清水润湿,加强灰浆与砖的结合。对于墙体裂缝的加固,一般在清缝后采取相对较稀的微膨胀浆液,顺着缝隙慢慢注入,让其渗透进去,同时应及时清洗掉漏出墙面的浆液,以免污损墙面外观,达到强度后对墙体表面进行修整打磨处理。

因地基原因造成墙体开裂的应先处理地基基础,再对墙体进行修缮。

(3)扶壁柱法加固

当墙体稳定性与强度不够时,可采用混凝土扶壁柱法予以加固。该法一般用于在墙内侧处理(见图 5-24),不破坏外墙原貌。前后檐墙外闪或内外墙无咬砌时,宜

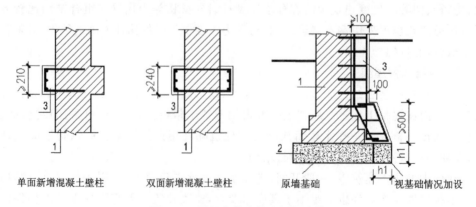

单面新增混凝土壁柱   双面新增混凝土壁柱   原墙基础   视基础情况加设

图 5-24 混凝土扶壁柱法加固砖墙

采用打摞方法加固(见图 5-25)与增设扶壁柱加固相结合。

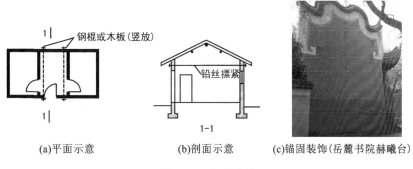

(a)平面示意　　　　　(b)剖面示意　　　　　(c)锚固装饰(岳麓书院赫曦台)

图 5-25　打摞方法

(4)钢筋网水泥砂浆加固

对于内部的墙或原本有粉灰的墙体的加固可采取钢筋网水泥砂浆加固,即将要加固的墙体两侧凿除粉灰或刷洗清理干净,附设 $\phi4\sim\phi8@150$ 钢筋网片,然后喷射砂浆或细石混凝土(见图 5-26)。此方法能较大幅度地提高砖墙的承载力、抗侧移刚度及墙体的延性。

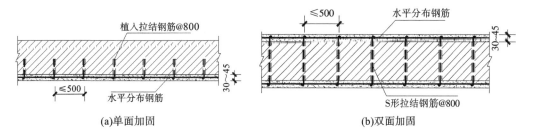

(a)单面加固　　　　　　　　　　(b)双面加固

图 5-26　钢筋网水泥砂浆加固砖墙

2. 木结构的加固措施

(1)打牮拨正

该方法是在不拆落木构架的情况下,使倾斜、扭转、拔榫的构件复位,再进行整体加固(见图 5-27)。一般能揭去瓦面卸载的宜卸载,并应松开榫卯处的木楔、卡口,有铁件的,将铁件松开;在打牮拨正过程中,应根据实际情况分次调整,每次调整量不宜过大。拨正过程中如有异常应立即停止,查明原因、清除故障后,方可继续施工。构架的整体牮正应同时做好残损构件的修复和拔榫构件的归位。

(2)外包钢加固

当大木构架部分构件拔榫时,可采用外包扁钢加固归位后的节点(见图 5-28)。扁钢宜做成"丁"字形。对劈裂、槽朽较严重的构件(一般缝宽大于 30 mm)采用普通嵌补或剔补维护已不够,需再用木条以耐水胶嵌补后,在损毁段加设 2～3 个扁钢箍

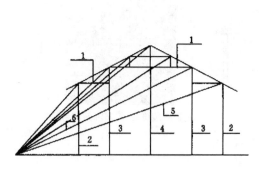

图 5-27　立帖构架屋架牮正
1.廊川；2.廊柱；3.步柱；4.脊柱；
5.钢条或钢丝；6.花篮螺丝

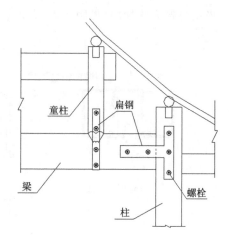

图 5-28　外包钢加固

或铁丝箍加固(见图 5-29)。对梁端糟朽或折断较严重而不便更换的构件可采用夹接角钢或扁钢予以加固。

(3)木材夹接、托接方法加固梁

木梁入墙的支撑端易产生糟朽、虫蛀等损坏。如果梁上下侧损坏深度大于梁高的 1/3 而小于 3/5 时,可经计算后采取夹接加固方法(见图 5-30)。木夹板的截面与材质不应次于原有梁,并应选用纹理平直、无木结和髓心的气干材制作。当夹接施工较困难时可采取托接的方式加固(见图 5-31)。

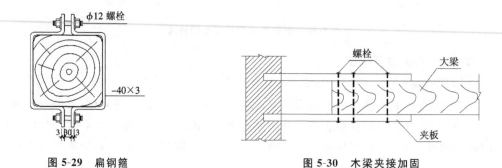

图 5-29　扁钢箍　　　　　　　　　　图 5-30　木梁夹接加固

(4)钢拉杆加固

当梁枋构件的刚度或承载力不够,如发现有断裂迹象,或屋架下弦受拉强度不够时,可采用钢拉杆加固法予以加强(见图 5-32、图 5-33)。加固前应确保木构件材质完好无腐朽、虫蛀。注意在采用拉杆加固时施加的拉力应适当。

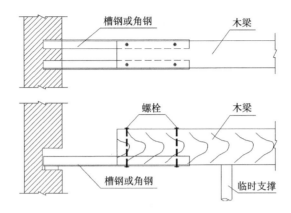

图 5-31　大梁托接加固

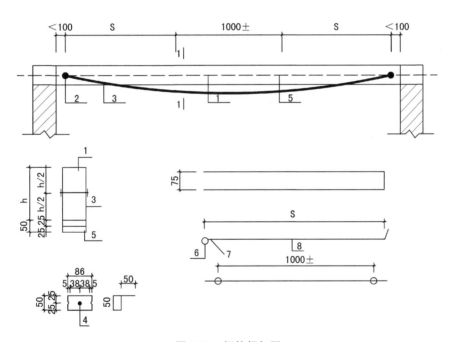

图 5-32　钢拉杆加固

1.原搁栅或檩条;2.直径 6 mm 螺栓销;3.直径 8 mm 环铁;

4.直径 12 mm 螺栓(双帽);5.角铁;6.直径 18 mm 孔;

7.电焊;8.直径 8 mm 光圆钢

(5)包镶法和墩接法加固柱

当柱脚周围的一半或一半以上表面糟朽,而深度不超过柱径的 1/5 时,可采取包镶的方法,即剔除糟朽部分后按剔凿深度、长度及柱子弧度,制备出包镶料,包在柱心外围,使之与柱外径一样平整浑圆,然后用铁箍将包镶部分缠箍结实。

当柱脚糟朽严重,但未超过柱高 1/4 时,可采用墩接的方法进行加固。常见的方

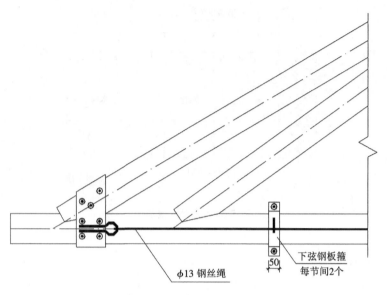

图 5-33 屋架下弦加固示意图

法为:木料墩接、钢筋混凝土墩接、石料墩接。

木料墩接是先将糟朽部分剔除,再根据剩余部分选择墩接的榫卯式样,如巴掌榫、抄手榫等(见图 5-34)。

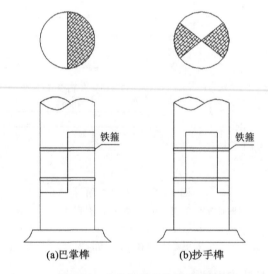

(a)巴掌榫   (b)抄手榫

图 5-34 木柱墩接的榫头构造图

钢筋混凝土墩接仅用于墙内的不露明柱子,高度不超过 1 m,柱径应大于原柱径 200 mm,并留出 0.4~0.5 m 的钢板或角钢,用螺栓将原件夹牢。

石料墩接一般用于柱脚糟朽部分高度小 0.2 m 的柱。露明柱可将石料加工为小于原柱径 100 mm 的矮柱,周围用厚模板包镶钉牢,同时在与原柱接缝处加设铁箍一道。

(6)抽换柱子及辅柱

抽换柱子即通常所说的"偷梁换柱",是指在不落架、不拆除与柱有关的构件和构造部分的前提下,用千斤顶或帮杆将梁枋支顶起来,换上新柱。抽换构件必须在条件允许的情况下方可进行。不是所有的构件都能不落架更换,一般只有檐柱、老檐柱等与其他构件穿插较少、构造较简单的构件才能进行抽换。

如不能抽换的柱(如中柱、山柱)发生折断或糟朽严重,而又不能落架大修时,可采取加辅柱的方法加固。辅柱一般采取抱柱形式,断面方形,可在柱的 2 个或 3 个面加辅柱,用铁箍将柱与辅柱箍牢,使之形成一个整体。

(7)新的化学加固工艺

采用新的化学灌浆加固工艺,对糟朽、虫蛀超过 1/3 的构件也可加固而不必更换,而且可以不落架大修。一般情况下,当木材内部因虫蛀或腐朽形成中空时,表层完好厚度不小于 50 mm 的柱可采用不饱和聚酯树脂进行灌注加固;对于梁,可采用环氧树脂灌注加固。在灌注前需将腐朽木块、碎屑清除干净,一般宜在构件应力小的部位开孔,也可按每隔 500 mm 开孔灌注,当中空直径大于 150 mm 时,宜在中空部位填充木块,以减少树脂的干缩程度。每次灌注量不宜超过 3 kg,每次间隔时间不宜少于 30 min,同时灌注剂的配方应符合相关规范。

(8)碳纤维布(CFRP)与结构胶加固

碳纤维布以其轻质、高强、可塑性好、耐腐蚀、耐久性好以及卓越的施工性能和广泛的适用性在钢筋混凝土结构加固中普遍应用。基于这些性能,对于不规则断面的传统木构件的加固来说,它实为首选材料。由于碳纤维布非常轻薄,加固的木构件经彩绘后根本不影响外观,也几乎没有增加附加重量,可以代替传统加固法中的铁箍,不仅强度高得多,且施工极方便,更无须进行防腐处理,还能保护木材不受腐蚀。

化学灌浆填充木构件,如辅以碳纤维布环绕包裹,则能大大提高其承载力。

在木构件小裂缝的填充与嵌补、剔补中采用结构胶和掺木屑的配套填充料等现代材料比传统维护方法要简便、快捷且效果好。

(9)更换新构件

当木构件严重腐朽、虫蛀、烧损或开裂,而不能采用修补加固处理时,可考虑更换新构件(一般是落架拆解更换)。当原有构件承载力不够,挠度超过规范限值,又无法修补加固时,应予以更换。

6 古建筑的构造设计

6.1 古代建筑的屋顶构造设计

6.1.1 屋架结构

古代建筑的木结构体系可以分为以下几个部分：下面是承重台基，中间是由柱网及联系构件额枋、平板枋、地栿等组成的柱网层，上面是由斗拱、梁枋、檩子等组成的屋架层，屋架上是由椽子、望板、屋瓦屋脊等组成的屋面层。其中，屋架结构是最重要的部分，各种屋顶形式由不同的屋架结构所组成。

1. 硬山、悬山的屋架结构

硬山和悬山都是两坡顶，它们的木构架基本相同，不同的只是山面构架的变化。硬山的山面屋架为山墙所封闭，悬山的山面檩木则挑出山墙之外，出梢部分用博风板遮挡与保护。以清式的五檩硬山、悬山建筑为例（见图 6-1），檐柱与金柱间以抱头梁和穿插枋联系，抱头梁上承檐檩，前后金柱间施五架梁，梁下有随梁枋，五架梁上置瓜柱或柁墩承托三架梁，三架梁上居中立脊瓜柱以承脊檩，脊瓜柱柱脚两侧施角背，以保持稳定。各檩条下一般都有垫板与随檩枋联系两榀梁架。山面梁架多增设山柱以承脊檩，山柱将梁架分为前后两段，在五架梁的位置上以三步梁代替，三架梁的位置上则为双步梁。

悬山的山墙构造与山面梁架密不可分，一般有以下三种做法。

① 墙面一直砌至顶部，仅将椽头、望板、檩条与燕尾枋露出。这种做法多见于宋元建筑中，明清官式建筑为了获得丰富的外观，已很少使用此式。

② 五花山墙的做法，也称"五花山"，山墙仅砌至柁梁下皮，随梁架的柱、梁、瓜柱的层次砌成阶梯状，五花山墙的轮廓线以梁底和柱中线为准。五花山墙的做法，使山面梁架暴露在外，以利于木构件的通风防潮，同时形成层次丰富的山墙外观，打破山墙平板单调的外观。

③ 山墙只砌至大柁下面，大柁以上梁架全部暴露在外，梁架间的空处用象眼板封堵。这种做法一般见于民间建筑。

不用山面梁架而直接以山墙承重的做法，称为"山墙搁檩""硬山搁檩"，即檩子直接置于山墙上，在民间这种做法仍然在延续。

2. 庑殿顶的屋架结构

庑殿的屋架结构可分为正身部分、山面部分与转角部分。正身部分的梁架与悬

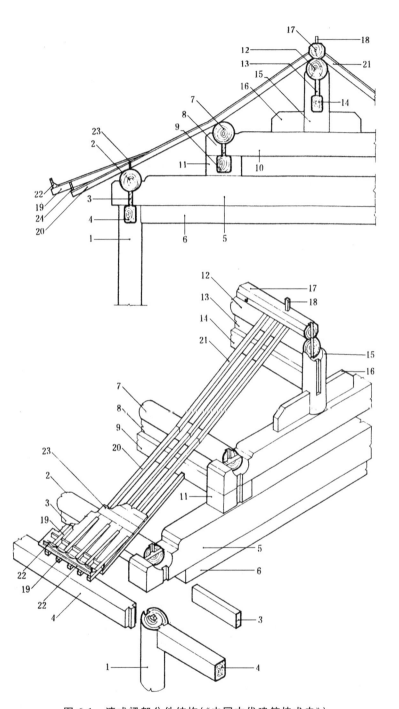

图 6-1 清式梁架分件结构(《中国古代建筑技术史》)

1.檐柱;2.檐檩;3.檐垫板;4.檐枋;5.五架梁;6.随梁枋;7.金檩;8.金垫板;9.金枋;10.三架梁;11.柁墩;
12.脊檩;13.脊垫板;14.脊枋;15.脊瓜柱;16.角背;17.扶脊木(用六角形或八角形);18.脊椽;19.飞檐椽;
20.檐椽;21.脑架椽;22.瓦口与连檐;23.望板与裹口木;24.小连檐与闸当板

山、歇山的基本相同。山面梁架、桁檩与正身梁架、桁檩呈垂直方向,因此需在桁檩下设置顺梁或趴梁,其上置交金瓜墩以承搭交桁檩(见图 6-2)。

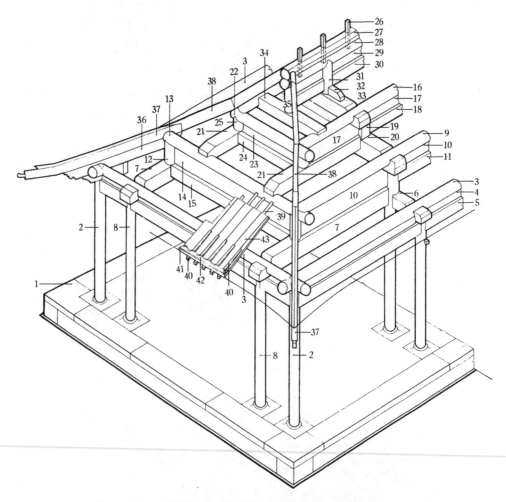

图 6-2　清式庑殿木结构(《中国古代建筑技术史》)

1.台基;2.檐柱;3.檐檩;4.檐垫板;5.檐枋;6.抱头梁;7.下顺趴梁;8.金柱;9.下金檩;10.下金垫板;
11.下金枋;12.下交金瓜柱;13.两山下金檩;14.两山下金垫板;15.两山下金枋;16.上金檩;17.上金垫板;
18.上金枋;19.柁墩;20.五架梁;21.上顺趴梁;22.两山上金檩;23.两山上金垫板;24.两山上金枋;
25.上交金瓜柱;26.脊椽;27.扶脊木;28.脊檩;29.脊垫板;30.脊枋;31.脊瓜柱;32.角背;33.三架梁;
34.太平梁;35.雷公柱;36.老角梁;37.仔角梁;38.由戗;39.檐椽;40.飞檐椽;41.连檐;42.瓦口;43.望板

庑殿顶中有推山的做法。推山,是将庑殿顶的正脊加长,因而两条角脊向外侧推出,角脊成为一条柔和的曲线(未推山时,即使屋面有举架,角脊在平面上仍是 45°方向的直线;推山后,角脊在平面上是一条曲线)。推山的目的,是使正脊不致于过短,同时改变角脊使之柔和,是出于外观上的要求。推山,最早见于辽代开善寺大殿。《营造法式》规定:"如八椽五间至十椽七间,并两头增出脊槫各三尺。"但直至明代,推山做法也未得到普遍应用。清官式规定要用推山。清《营造算例》总结说："庑殿推山,除檐步方角不推外,自金步至脊步,按进深步架,每步递减一成。如七檩每山三步,各五尺,除第一步方角不推外,第二步按一成推,计五寸;再按一成推,计四寸五分,净计四尺五分。"庑殿顶推山后,正脊向两山延伸加长,脊桁挑出于脊瓜柱之外,一般需要在三架梁上设置太平梁,太平梁上竖立雷公柱支承挑出的脊桁。宋代的推山,仅在最上一步架脊槫增出三尺,而且只用于"八椽五间至十椽七间",即进深过大时正脊显得局促的建筑。清官式建筑除檐步不推外,其余每步架皆向两山推出,而且推出的尺度由下而上递减。

3. 歇山顶的屋架结构

歇山顶的屋架结构,山面部分的上段梁架与悬山基本相同,梢间檩条向外伸出,檩头安装博风板。下段梁架则与庑殿构架基本相同,在山面梢间设置顺梁或趴梁,其上立交金墩以承踩步金。踩步金朝外一侧凿出椽窝,两山檐椽的后尾搭在踩步金上(见图6-3)。明代以前,踩步金的位置以檩条的形式出现。清代改用正面似梁、两端似檩的踩步金。

清官式的歇山顶,两侧的山花自山面檐柱中线向内收进,称为"收山"。清官式规定,自山面檐柱向内收一檩径(正心桁中至山花板外皮为一桁檩直径)。收山以山面檐柱中心线为准。明清南方民间建筑中有许多简易的歇山顶建筑,它的山面梁落在檐柱上,相当于悬山顶的两山外加披檐,这是早期歇山顶的形制(见图6-4)。收山与推山一样,是山丁美观的需要。从时间上看,收山的尺度早期大(早期的歇山顶建筑平面多近于方形,正脊也相对较短),晚期小,相应的正脊尺度也由短变长。

歇山顶山面,元代以前多采用透空的做法,博风下挂饰悬鱼、惹草;使用山花板时,向内凹进很多,博风下还使用内凹的"曲脊"(见图6-5)。山花板靠草架柱支撑,草架柱落在踩步金或檐椽上,博风板紧贴在山花板外面。明清官式或用山花板,板上雕饰绶带,或用砖砌。但明清一些地方建筑中仍多有透空的山花,有的还使用长长的悬鱼。

6.1.2 屋顶曲线

屋顶曲线包括建筑的檐口、屋脊和屋面的曲线。

1. 檐口曲线、屋脊曲线

秦汉时期以前的建筑屋面基本上是平直的,但正脊、垂脊两端使用脊饰上翘,从整体上看,屋顶有轻举上扬之势。唐宋建筑有了很明显的檐口曲线。宋《营造法式》规定,檐柱逐间生起,至角柱最高,檐口也随之形成曲线。从南北朝起,开始在房屋的尽间檩头上放置三角形的生头木,所以屋面在纵向上也略为起翘,并和横向上的举架一起构成双曲面状的屋顶。唐佛光寺大殿及宋、元建筑在脊槫两端置生头木,正脊生起比较生动。明清时期,檐柱逐间生起及槫檩上放置生头木的做法不再使用,檐口又恢复平直状态,只保留了翼角起翘的做法。

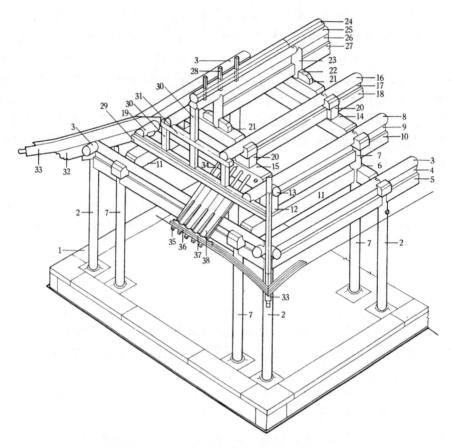

图 6-3　清式歇山木结构(《中国古代建筑技术史》)

1.台基；2.檐柱；3.檐檩；4.檐垫板；5.檐枋；6.抱头梁；7.金柱；8.下金檩；9.下金垫板；10.下金枋；
11.顺趴梁；12.交金墩；13.假桁头；14.五架梁15.踩步金；16.上金檩；17.上金垫板；18.上金枋；19.挑山檩；
20.柁墩；21.三架梁；22.角背；23.脊瓜柱；24.扶脊木；25.脊檩；26.脊垫板；27.脊枋；28.脊椽；29.踏脚木；
30.草架柱子；31.穿梁；32.老角梁；33.仔角梁；34.檐椽；35.飞檐椽；36.连檐；37.瓦口；38.望板

图 6-4　南宋《四景山水图》中的歇山顶

五代卫贤《高士图》

五代佚名《闸口盘车图》

宋画《南唐耿先生炼雪图》

宋版画《佛国禅师文殊指南图赞》

宋画《水阁乘凉图》

宁波天封塔地宫出土南宋银殿
（《文物》1991年第6期）

图6-5　五代、宋歇山顶形象

屋面曲线有利于雨水的排泄，为室内争取更多的阳光，屋面外形也变得更加柔和、秀丽。我国古代曲线屋面大致形成于南北朝时期，此时出现了利用蜀柱调整檩的高度的方法,形成下凹的曲线屋面,靠近正脊处的屋面比较陡峭,而檐口处则坡度和缓。隋唐之时,屋面举架的曲线较为平缓,宋代以后举高增加,明清时更高,形成了不同的时代风格。在地域上,南方建筑举架很大,北方建筑相对较小。重要的建筑举架大,屋面凹曲显著,而次要的建筑甚至不用举折。

南方闽、粤、台三地的一些重要建筑,除明间以外的各间檩条也渐次生起,纵向上也形成凹曲面。特别是闽南式建筑的燕尾脊,两端上翘很高,成为地方风格的显著特征。

2. 举折

举折是确定屋顶高度及屋面下凹曲线的一种方法。宋《营造法式》对举折之法有详细的规定。宋式举折的做法是:先举屋,后折屋,由上而下。具体做法是,以房屋的前后橑檐枋之间的水平距离为总跨度(无斗拱时以前后檐柱心为总跨度),以橑檐枋背至脊槫背为举高,殿阁的举高是总跨度的1/3,筒瓦厅堂、板瓦厅堂及筒瓦廊屋的举高也在1/3左右,板瓦廊屋略平,副阶、缠腰、两椽屋为1/4。折屋之法是"以举高尺丈,每尺折一寸,每架自上递减半为法"。由脊槫自上而下,依次降低各缝槫的位置,从而定出屋顶曲线(见图6-6)。现存唐代建筑的举高约为跨度的1/5,比宋代的1/4~1/3略低,下折也不是宋代下折比上折减半的做法,各折间的坡度变化不如宋式大,从整体上看,屋顶平缓舒展。宋代举折的主要原则是,房屋体量大则举高多,体量小则举高小,但亭子不受此限制。

举折,在清代称举架。清官式建筑,将相邻两檩中到中水平距离称为"步架",依位置不同可分为檐步(或廊步)、金步、脊步。双檩卷棚建筑,最上面居中一步,称"顶步"。金步架、脊步架一般相等。清式举架做法是,檐步(或廊步)的举架数一般五举(称"五举拿头"),小亭榭可灵活调整。脊步,大式九举或九五举,小式八举或八五举,一般不超过九举,以免坡度过陡。金步,依据步架多少,有六举、七举、八举等,并无硬性的规定。城楼或亭子的脊步架,其坡度需酌情增陡,可达九五举乃至十举以上。

3. 翼角

汉代建筑还没有屋角起翘的形象。大约在南北朝时,开始出现翼角起翘。在漫长的发展过程中,逐渐演变成不同的时代特点与地域做法。我国北方建筑屋角起翘较为平缓,外观庄重浑厚;南方屋角起翘较为陡峻,外观轻巧活泼。起翘的做法亦有不同,明清北方官式做法比较程式化,江南地区有水戗发戗和嫩戗发戗两种形式。

元代以前,老角梁的后尾搭在下平槫的交点上,而仔角梁后尾抹斜,压在老角梁上,形如加粗的飞椽。大约从元代开始,老角梁后尾移到下平槫交点之下,形如杠杆,以免倾覆。明清官式建筑的仔角梁后尾加长到与老角梁后尾等长,二者上下相叠,各在后尾上开一半圆槽,合成一个圆孔,抱住正侧面下金檩(搭交金桁)的交点。这种做法称为"扣金"。此外,还有插金与压金两种做法。插金做法指角梁

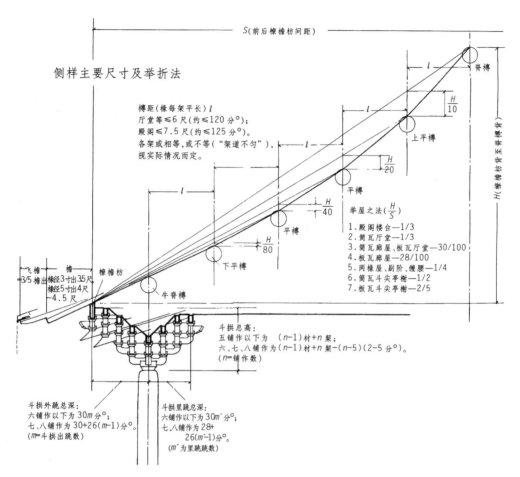

侧样主要尺寸及举折法

椽距(椽每架平长)l
厅堂等≤6尺(约≤120分°);
殿阁≤7.5尺(约≤125分°)。
各架或相等,或不等("架道不匀"),
视实际情况而定。

S(前后橑檐枋间距)

脊槫

上平槫

平槫

举屋之法($\frac{H}{S}$)
1.殿阁楼台—1/3
2.筒瓦厅堂—1/3
3.筒瓦廊屋、板瓦厅堂—30/100
4.板瓦廊屋—28/100
5.两椽屋、副阶、缠腰—1/4
6.筒瓦斗尖亭榭—1/2
7.板瓦斗尖亭榭—2/5

平槫

下平槫

飞檐
=3/5檐出 椽径3寸出35尺
椽径5寸出4尺
~4.5尺

檐
椽径5寸出4尺
~4.5尺

橑檐枋

牛脊槫

$\frac{H}{10}$

$\frac{H}{20}$

$\frac{H}{40}$

$\frac{H}{80}$

H(橑檐枋背至脊背)

斗拱总高:
五铺作以下为 (n-1)材+n栔;
六、七、八铺作为(n-1)材+n栔-(n-5)(2~5分°)。
(n=铺作数)

斗拱外跳总深:
六铺作以下为30m分°;
七、八铺作为30+26(m-1)分°。
(m=斗拱出跳数)

斗拱里跳总深:
六铺作以下为30m'分°;
七、八铺作为28+
26(m'-1)分°。
(m'为里跳跳数)

图6-6 宋《营造法式》中的举折之法(潘谷西、何建中《〈营造法式〉解读》)

(老、仔)后尾做榫,插入角金柱的做法,用于重檐或多屋檐(如三滴水的城楼)的下檐。压金做法仅用于小式建筑,即老角梁后尾压在金檩上,用于一步架到顶(如四檩卷棚游廊外转角),或步架过小无法采取扣金做法时。采用压金做法时,仔角梁的形状与翘飞椽相似。

清代官式建筑的老角梁挑出长度与正身檐椽的出檐长度有关,仔角梁的挑出长度又与正身飞椽的出檐长度有关。老角梁、仔角梁的挑出长度,工匠口诀称为"冲三翘四"。"冲三"指仔角梁头(不包括套兽榫)的平面投影位置,比正身飞椽长度加出三椽径。"翘四"指仔角梁头比正身飞椽头高出四椽径(见图6-7)。冲三翘四不是僵化的教条,一些园林中的亭、榭等建筑的冲翘经常大于这种规定。设计古建筑时,应根据建筑的需要,灵活调整。

在翼角部分的飞椽称为"翘飞椽"。由于翘飞椽随着角梁一起冲出翘起,它与正身飞椽有以下几点区别。① 翘飞椽随仔角梁冲出,它比正身飞椽长;② 各翘飞椽末

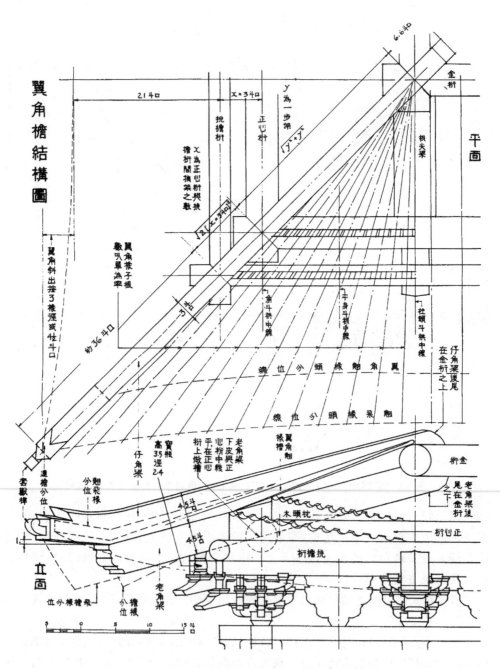

图 6-7　清官式翼角做法(梁思成《清式营造则例》)

端汇于一点,所以靠近角梁的第一根翘飞椽最长,起翘最大,以下几根递减,直至最后一根翘飞椽与正身飞椽近似;③ 由于冲出与翘起,翘飞椽椽头的上下皮是一条斜线,而其左右侧面仍垂直地面,其断面是平行四边形或菱形,故其椽头随起翘的连檐逐渐改变形状,由外而内逐渐由不同角度的菱形过渡到正方形。

江南建筑的翼角起翘有嫩戗发戗与水戗发戗两种。嫩戗指仔角梁,老戗指老角梁。重要的寺观及风景园林建筑,屋角反翘很高,用的是嫩戗发戗的做法。其做法是将嫩戗向上斜插在老戗端部;翼角飞椽顺着正身飞椽到嫩戗之间的翘度变化,依势向前上方翘起排列,组成一个向上翘起的屋角。这些翼角飞椽逐根立起,插在摔网椽上,故也称"立脚飞椽"。老戗与嫩戗间的凹陷处用菱角木、箴木、扁担木等填成衔接自然的弧度,形成老戗背至嫩戗尖之间的优美曲线(见图6-8)。姚承祖编纂的《营造法原》规定嫩戗与老戗间的角度为129°左右。由于老戗的倾斜角度需根据屋面坡度而定,一般的做法是老戗、嫩戗与水平线形成的两锐角大致相等,即屋面坡度陡峭,则嫩戗起翘高;坡度平缓,则起翘低。翼角起翘与屋面大小及坡度相联系,应该顺角脊之势,反翘自然流畅,不生硬呆滞即可(见图6-9)。

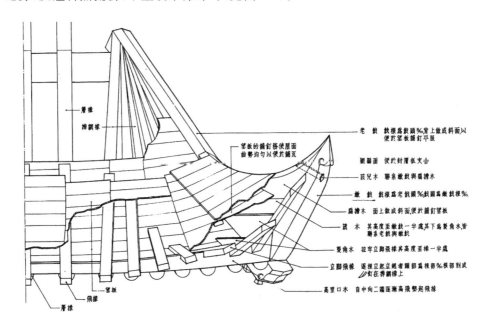

图6-8 江南建筑嫩戗发戗屋角构造图(刘敦桢《苏州古典园林》)

水戗发戗的做法比较简单,有的甚至不用仔角梁,而在老角梁前面加一段弯木,使屋角翘起来。在做法上,主要靠老戗背上的铁活及灰活(水戗)上翘。屋檐本身比较平直,但屋角的翘起颇为突出(见图6-10)。

中国西南四川等地还有用爪角起翘的做法。其翼角起翘与江南的嫩戗发戗相似,爪(仔角梁)如牛角状,斜插在老角梁头上,挑檐檩至爪尾之间施虾须,以承托翼角部分的椽子。

古代建筑屋顶翼角椽子的排列方式主要有两种:翼角平行椽和辐射椽。

翼角平行椽的做法是,角椽同正身椽平行,愈至角则椽愈短,椽尾插入角梁侧。翼角用平行椽,见于麦积山西魏北周的窟檐、定兴北齐石柱、敦煌隋唐壁画、西安大雁

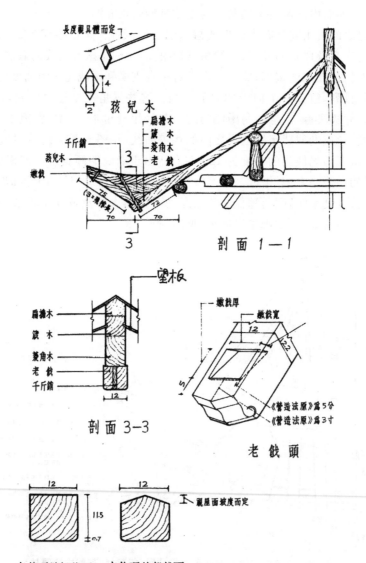

图 6-9 江苏苏州拙政园塔影亭翼角构造(刘敦桢《苏州古典园林》)

塔门楣石刻上的唐代佛殿、江浙闽地的宋代石塔、日本禅宗样建筑等。翼角平行椽的构造简单,施工方便,但角部来自两个方向的椽子碰到角梁以后,它们的后尾只能插到角梁里或钉在望板下,不但起不到承托屋顶的作用,反而增加了角梁、望板的负担。因而出现了结构比较合理的辐射椽(也称"撒网椽""扇形椽"),其后尾支架在枋上和角梁后尾,成为承托出檐的结构受力部分。辐射椽的实例也很早就出现了,在汉代石阙及北魏云冈石窟中都可见到。但辐射椽在唐以前并不是普遍性的做法。中晚唐以后北方的建筑实物已经采用辐射椽,如山西五台县的南禅寺大殿和佛光寺大殿。宋代以后翼角都用辐射椽,平行椽列的方式在北方建筑中已经见不到了。

平行椽的做法,在南宋时期的江南还有采用,如湖州飞英塔内南宋石塔,其檐部转角处,椽尾撞到角梁上。杭州闸口白塔(五代)、灵隐寺大殿前的双石塔(五代)及天王殿外的石经幢,则表现出由平行椽向扇形椽的过渡形态,靠近角梁的椽子与其他椽在端部保持等距,并与角梁近乎平行地排列。在四川、江浙等南方地区,直至近代,有些传统建筑中的翼角仍延用平行椽,这也成为一种地方性的做法。

6.1.3　屋面构造

古代建筑屋面用瓦有陶筒板瓦与琉璃瓦。唐代以前的建筑,常在陶瓦上浸油、涂漆。民间建筑常用陶小瓦(青瓦)、茅草、泥土、石板等作屋面材料。还有少数建筑以铜、铁为瓦,河北承德外八庙中一些殿宇用镏金鱼鳞铜瓦;藏式建筑用镀金铜皮作为屋顶面层,称为"金顶"。

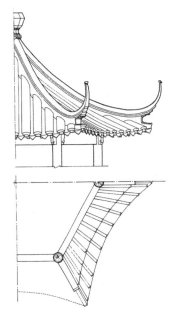

图 6-10　江苏苏州怡园小沧浪水戗发戗(刘敦桢《苏州古典园林》)

古代建筑的屋面构造,因气候不同,有南北之分。长江以南气候炎热,空气湿度大,屋面不用或用很薄的胶结材料,大多是在椽上铺望板或望砖,其上即铺屋瓦。简单的建筑甚至省去望板、望砖,屋瓦直接铺于椽上。长江以南自南宋以后还流行单椽的做法,只用檐椽,不用飞椽,椽头钉封檐板。北方建筑屋顶多在椽望上苦草泥背,屋顶十分厚实。北方少雨地区还有一种十分简易的青灰背屋面的做法,即以掺和麻刀的青灰做屋面层,不再铺瓦;或者只在青灰背屋顶的屋脊、梁架、山墙处铺瓦,称为"棋盘心"。还有的民间建筑只用仰瓦,不用盖瓦,仰瓦排列紧密,稍好一些的,则在每垄仰瓦的交接处抹以灰泥,以防漏水,称为"仰瓦灰梗"。在汉代明器、画像砖和画像石上,常见到板瓦宽阔、筒瓦细窄的屋面做法,屋面最初的表面只用仰瓦。而在西周早期的建筑遗址中,就只有板瓦,而未发现筒瓦。

1. 瓦件

从考古资料看,陕西岐山县凤雏村的西周建筑遗址出土的陶瓦为最早,但瓦型较大,为数不多,可能仅用于茅草屋顶的脊部与天沟。据文献记载,春秋战国时期已有全用陶瓦铺成的屋面。周代的瓦件,已有盖瓦、仰瓦和"人"字形断面的脊瓦之分,并且具有大头、小头、瓦环或瓦钉。筒瓦已有半圆形的瓦当与瓦唇,瓦当和瓦背有纹饰。从秦代起,瓦当由半圆形开始演变为圆形,改进了瓦当的束水功能。秦、汉瓦当的图案种类极多,有蕨纹、云纹、几何图纹、动植物、四神、文字(吉祥语,宫殿、官署、苑囿名)等。南北朝起受佛教影响,多用莲瓣及兽面纹,唐代也是如此,文字瓦当已很少用。至宋、辽时,又增加了龙凤、花草等式样。

置于檐口的板瓦,汉魏至唐大都用带形或齿形,唐代又出现尖形的滴水,在《营造法式》中称为"垂尖华头板瓦"。

琉璃瓦是在陶瓦坯(明以后用瓷土制作)表面涂上一层釉后的烧制品。琉璃瓦表面有坚实且色泽鲜丽的覆盖层,既提高了防水性,又增加了美观性,一般应用于高级建筑中。中国建筑中使用琉璃瓦,从文献记载和考古发掘来看,大约始于北魏时期,但为数不多,宋代使用渐广,到明代形成一个高潮。

唐、宋的琉璃颜色有黄、绿、蓝诸色。元代宫殿还使用白琉璃。明清的建筑琉璃色彩等级之中,以黄色为最尊。明清北京故宫、明孝陵、十三陵、清东西陵主要殿宇都使用黄色琉璃瓦。而明初的中都宫殿及十三陵中的一些早期陵墓中使用了紫红色的琉璃瓦,这种琉璃瓦在清代就不再使用了。

自明代以来,琉璃瓦的型号规定为十种,即依瓦件的尺寸分为十样。明万历年间,曾烧制头样大吻,用于承天门(清天安门)及皇极殿。清代沿用明代制度,但头样和十样瓦料不常用,窑厂只烧制二样至九样瓦料。在实用中以二样瓦为最大,故宫太和殿用二样黄琉璃瓦,是最高的规格。

筒瓦用于盖瓦垄,一端有"熊头",与另一块筒瓦相接。板瓦又称底瓦,凹面向上,逐块叠压。板瓦上面施琉璃釉,下面不施。"勾头"又写作"沟头",也称"勾子""猫头"。用于盖瓦垄端部,置于两块滴水之上,上置瓦钉和钉帽固定。下面圆头称"瓦当",滴水又名"滴子",板瓦前端加有如意形滴唇,用于瓦沟底部,外露部分施釉。

罗锅筒瓦,用于卷棚顶的过垄脊(元宝脊)上部。其下用续罗锅瓦,一端带熊头,与筒瓦相接。折腰板瓦,用于卷棚顶的过垄脊上部,俗称"黄瓜瓦"。圆形攒尖顶,瓦面用上小下大的竹节瓦(也称"锥把瓦""箭杆瓦")。有竹节筒瓦、竹节板瓦、竹节勾头、竹节滴水之分。圆形攒尖顶,宝顶之下筒板瓦连做,俗称"联办",又称"连瓣瓦",也称"兀扇瓦""兀苫瓦"。

正中有洞眼的筒瓦(一般用于四样以上),称为"星星瓦"。星星瓦可加瓦钉、瓦帽固定,用于大型琉璃屋面的顶、底或腰节处,也可插入索钉以固定吻索。底瓦中也可设置洞眼,插入铁钉钉进灰泥内,称"底瓦星星瓦",一般不常用。

为防止瓦垄下溜,檐头筒瓦以瓦钉固定。瓦钉用盖钉帽以防渗水,《营造法式》称"滴当火珠"。明清时变为钉帽,外观为光洁的馒头形。故宫太和殿的钉帽是铜质鎏金的。

重檐屋顶建筑中用筒瓦,为调整视差,上檐瓦应比下檐瓦大一号。

2. 脊与脊饰

古代屋顶上的脊,有正脊、垂脊、角脊(也称戗脊)、博脊、曲脊之分。宋代以前屋脊用瓦条叠砌,稳定性差。山西芮城永乐宫的元代建筑,正脊有用瓦条垒砌的;也有用空腔的预制构件——脊筒子的,上刻横线道,仍保留瓦条垒脊的遗意。元代以后,重要建筑已不再用瓦条垒砌,而改用脊筒,称"通脊",通脊上盖脊筒瓦,通脊中有扶脊木,扶脊木插入脊桩。明清官式建筑,已统一用脊筒子(见图 6-11)。一般民居的屋脊仍多用砖瓦叠砌,有的外面再抹灰泥,有的将脊部分或全部砌成空花,以减轻屋面之静荷载及风之侧推力,又增加了立面变化。

图 6-11 古代建筑中的脊饰

汉石阙、石祠、画像石及明器的屋脊是平直的,其正脊两端常以多枚筒瓦垒叠。正脊中央上方则多用朱雀、凤鸟为装饰。正脊两端使用鸱尾,据文献记载始于西汉。在北魏至隋、唐的石窟雕刻中有许多鸱尾的形象。唐代宫殿、陵寝遗址出土了许多鸱尾实物,造型与比例基本统一。鸱尾尾尖向内弯伸,外侧施鱼鳍状纹饰。中唐以后,鸱尾下部出现张口的兽头,尾部则逐渐向鱼尾过渡,称为鸱吻。宋《营造法式》记载正脊两端用鸱尾、龙尾和兽头等装饰,但宋代实物及考古资料中所见,都是用鸱吻,没有使用鸱尾的。宋元时期,鸱尾渐向外卷曲,形象与明清的正吻相似。明、清正吻的尾部已完全外弯,端部由分叉变为卷曲,兽身多附雕小龙,比例近于方形,背上出现剑把,名称也改为"兽吻""大吻""龙吻"。

南北朝至唐代,鸱尾使用范围较广,不但宫殿、官署、寺观使用,王公贵戚的宅邸中也可以使用。

正脊中的脊饰,汉高颐阙上雕饰凤衔绶带,北朝石窟中常见金翅鸟的形象。唐宋时则改为火珠、宝珠,且多用于佛殿中。宋《营造法式》提到正脊中的装饰,只有火珠一项,且只用于佛道寺观殿阁和亭榭中。其尺度,"殿阁七间以上,并径二尺寸五",直径约 80 cm。火珠上有火焰,有两焰、四焰、六焰等不同式样。明清时或称"脊刹",一般用于寺庙中。

《营造法式》中记载,宋代高大的鸱尾、龙尾上用抢铁、拒鹊叉子。抢铁是加固鸱尾的铁制构件。抢铁形象,最早见于四川大足北山第 245 龛观无量寿经变石刻中,主殿两层楼阁,正中突出龟首屋三间,主殿鸱尾内弯的鱼鳍上加抢铁。《清明上河图》中的城楼,鸱尾上绘有抢铁形象。拒鹊叉子是防止鸟雀在鸱尾上栖息、做窝,保持鸱尾清洁的铁制构件。宋画中已有描绘,宋徽宗《瑞鹤图》中的宣德门鸱尾、宋画《荷塘按乐图》中,已有五叉或三叉的拒鹊形象。为稳定正脊兽吻,宋代用铁索(清代称"吻索")。宋代鸱尾由数块拼成,块之间用铁鞠连接加固,铁鞠即铁锔,是"["状的铁构件。元明清的大吻拼接仍用吻锔加固,如为七块拼成,就称"七拼大吻"。

清代正吻附件有剑把、背兽。剑把插入吻上背部,上为五股云图案;剑把可能由宋代的抢铁、拒鹊叉子演化而来。背兽插入正吻后部,上有双角,与背兽分开制作。正吻的吻嘴高度应做到"脊不掩唇",即唇高(正吻底线至嘴唇弧拱的最高点)应稍大于正脊的高度。

垂脊脊饰,北魏壁画所见,多于垂脊端部施一块素面砖;隋唐在素面砖上雕兽面,或安一枚火珠。渤海国上京龙泉府遗址出土的垂兽,已是一个完整的兽头构件。《清明上河图》等宋画所见,垂兽多为带双角的兽头。宋画中的楼阁正脊两端多使用头嘴向外的兽头。明清的城楼、角楼建筑正脊两端也使用兽头。用于垂脊者称"垂兽",用于角脊者称"戗兽""截兽"。明清垂脊兽头是一块定型的构件。兽头上有两个弯镰刀状的兽角,与兽头分开制作,安装时插入。

套兽,套于仔角梁端部,以保护梁头。小式建筑仔角梁不用套兽。

合角吻,两吻相接成"L"形,用于盝顶、重檐建筑围脊(下檐博脊)转角或阴角建筑的围脊窝角。故分为阳合角吻、阴合角吻。合角吻,宋画中已见之。合角兽,两兽头相接成"L"形,用于城防建筑重檐围脊。

角脊脊饰,宋以前多用翘起的勾头瓦数枚。《营造法式》规定殿堂、厅堂在嫔伽后安置蹲兽,从 8 枚、6 枚至 4 枚、2 枚不等。"嫔伽"是"迦陵嫔伽"的简称。"迦陵嫔伽"是梵文的音译,意思为妙声鸟或美音鸟,是佛国世界里的一种人头鸟身的神鸟。西夏王陵遗址中出土许多嫔伽实物。

明清官式建筑将宋、辽、金常用的嫔伽改为骑凤的仙人。仙人之后安放小兽。小兽又叫"走兽""小跑""小牲口""蹲脊兽"等。清代小兽的先后位置顺序是:龙、凤、狮、天马、海马、狻猊(俗称"披头")、押鱼、獬豸、斗牛、行什。工匠称之为:一龙二凤三狮子,四天马五海马,六狻七鱼八獬九吼十猴。琉璃窑称之为:一龙二凤三狮子、四天马五海马、六披头、七鱼八獬九牛十猴。小兽的数目在一般情况下可这样决定:每柱高二尺放一个,得数须为单数(见图6-12)。除北京紫禁城太和殿可以用满10个小兽外,其他建筑最多只能用9个。如果数目达不到9个时,按先后顺序用在前者。其中,天马与海马、狻猊与押鱼的位置可以互换。小兽数量的确定应根据多方面因素。但在仙人骑凤与兽头之间的小兽,其数目一般为单数(北京故宫太和殿下檐为双数)。

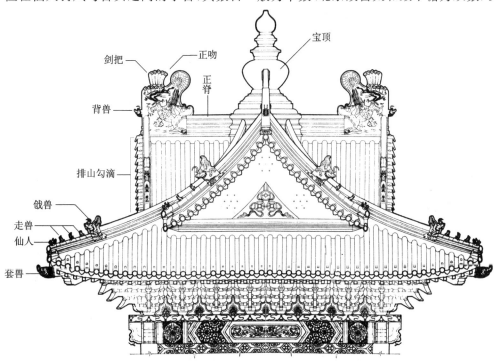

图6-12 北京故宫角楼屋顶(《北京城中轴线古建筑实测图集》)

明清官式建筑的脊饰用预制构件,比较程式化;民间建筑的屋脊装饰则极富变化,具有鲜明的地方风格。例如,南方的广东、福建等地用彩陶镶嵌、碎瓷剪粘装饰屋脊,外观五彩缤纷、花团锦簇。

6.2 古代建筑的墙体构造

古建筑的墙壁按照性质和部位,可分为檐墙、山墙、槛墙、八字墙、屏风墙、照壁、隔断墙等。按照建筑材料,则有土墙(夯土或土坯)、砖墙、石墙、木墙、木骨泥墙、编竹泥墙、竹墙等之分。此外,还有使用混合材料的,如墙体下部为砖石上部为土质的,砖与石混砌的墙体等。民间建筑的墙体则因地制宜,选取地方材料,如夯土墙、土坯墙、垛泥墙、虎皮石墙、乱石墙、毛石墙、石板墙,甚至陶罐、蛎壳、珊瑚石、瓦片等皆可作为墙体材料。

6.2.1 夯土墙

夯土墙是我国最古老的墙壁形式之一。在新石器时代的城址、河南郑州商城、陕西岐山早周建筑、秦汉的长城和唐长安大明宫等遗址中都可看到。闽西、粤东的土楼等民间建筑也使用它。作为建筑外墙的夯土墙是以木板作模具,于其中置土,再以夯杵分层捣实,所以又称为"版筑"。一般用黏土、灰土、沙土按一定比例调和夯筑,也可加入碎砖石或铺垫杉木、竹片加固。南方地区常以黄土、石灰、砂子三种材料混合而成的三合土夯筑。

汉魏南北朝时期,木构建筑中仍沿用夯土墙承重的形式。在夯土墙的内外表面,都嵌入壁柱(槫柱、心柱),柱身半露,柱间联以横木(汉代称"壁带",宋代称"腰串"),以加固夯土墙。夯土墙表面抹以白灰,半露的木构件则敷上红色,形成"朱柱素壁""白壁丹楹"的红白分明的色调。这种色调一直沿用到隋唐,即使重要的殿堂也是如此(见图6-13)。

图 6-13 敦煌宋代第 61 窟中的建筑形象

使用夯土墙时应注意收分。宋《营造法式》记载的"露墙""抽纴墙"等夯土墙,墙面都有显著的收分。明清时期,夯土技术提高,收分也就相应减小。

宋代重要建筑的隔减(即裙墙)以上的墙身仍以土坯、夯土墙为主。到元明时期,才普遍用砖砌筑。

6.2.2 砖墙

隋唐以前,中国建筑以土、木为主要的建筑材料,砖的使用局限于墓室、塔等建筑中。战国晚期至东汉中期的墓中流行空心砖墙,砖的尺度很大,砖对外的一面常模印几何纹样。唐代遗留了不少砖塔,还有用砖包砌高台、门阙及城门附近土墙的做法,宫殿内开始广泛地使用花砖铺地。宋代制砖技术有了进一步发展,许多地方州县的城墙已全部包砌以砖面层。《营造法式》对制砖和砌砖也有专门的论述。我国造砖技术及砖券技术在明代又有进一步的提高,除了大量用砖建造一般建筑外,还出现了纯粹使用砖拱券结构的无梁殿。

唐宋时期,常在土坯墙下用砖砌筑隔减(裙墙)。元代以后,用砖平砌的实砖墙逐渐普及。实砖墙除窗下的槛墙外,分为两部分:下部为裙肩(宋《营造法式》称为"隔减"),清《工程做法则例》规定裙肩为柱高的 1/3;上部为墙身(上身),它较裙肩稍薄,墙身有收分。裙肩与墙身之间设腰线石一道,转角部分则设角柱石。

元代开始,出现了包框墙的砌法。包框墙的裙肩、上身两边及墙顶用砖平砌,形如镜框。框内壁心稍微收进,可砌成实砖、空斗、土坯等,壁心外表都装饰面层或抹灰。包框墙多用于院墙、门墙、山墙、影壁等处,既经济实用,又美观大方。

明代制砖技术提高后,砖开始大量生产,硬山墙随之普及起来。硬山墙将山面墙体伸出屋顶之上,保护两山屋顶。北方地区的硬山墙,民间与官式的做法基本相似,山墙伸出屋顶不多,轮廓基本与屋顶一致,只是正面的墀头装饰繁简不一。南方地区的硬山墙伸出屋面很多,称"封火墙""封火山墙"。墙头变化形式很多,如马头山墙,呈中央高两侧低的阶梯状,称"五滴水"(四川)、"五山屏风墙"(江浙)、"五岳朝天"(广东),其他还有三山屏风、人字、观音兜、猫拱背、如意、镂耳等。这种山墙有的盖两坡瓦顶与瓦脊,有的则垒砖、抹灰,砖檐下常绘以彩画。

古代砌砖的方式有半砖顺砌、平砖丁砌、侧砖顺砌、顺砖丁砌、立砖顺砌、立砖丁砌等多种。汉至唐的砖墓、砖塔中,砌筑方式多用两三层的顺砌平砖,然后再置一层丁砖。明清建筑墙体砌法多用三顺一丁、二顺一丁或一顺一丁(俗称"梅花丁")。

北方建筑多用条砖砌筑外墙,如北京四合院等。条砖清水墙有干摆、丝缝、淌白、糙砌四种砌法。比较讲究的砌筑方法是干摆做法,也称磨砖对缝。干摆、丝缝用砖都经过砍、磨,表面不留或只留极细的灰缝;淌白、糙砌是露灰缝的砌法。南方则流行用砖砌成盒状的空斗墙。空斗墙比较轻薄,北方等寒冷地区很少使用。空斗墙中空或填以碎石泥土,多半不承重,或仅承少量荷载。空斗墙的砌法有马槽斗、盒盒斗、高矮斗等多种,变化很多,很有地方特色,应善于总结、利用。

我国古代建筑中常用青砖,只有闽南、粤东及台湾民间建筑使用红砖。

6.2.3　木墙、木骨泥墙、编竹泥墙

从敦煌唐宋壁画及宋代窟檐建筑可知,外檐正面用木板墙壁,除格子门外,其外观构成是在柱头施单层或双层阑额,柱脚施地栿,门窗上下用额及腰串等横木联系,横木之间施竖向的立旌、心柱,直棂窗左右施立颊,其余部分为木板壁。除木板壁外,还有编竹泥墙,宋《营造法式》称为"隔截编道",即在木框架(隔截)内施以竹编(编道),外面抹灰泥。在中国南方的穿斗式住宅中,编竹泥墙既可作外墙,也可作内墙。它的特点是取材简易,施工方便,墙体轻薄,外观朴实,适用于气候温暖的地区。还有一种井干式结构的木墙,历史也很悠久,《汉书》就有井干楼的记载。井干式结构的木墙用圆木拼叠而成,多用于木材丰富的山地林区。

6.3　古代建筑的台基、踏步、铺地做法

台基可分为普通台基和须弥座两类。台基的层数,一般房屋用单层,隆重的殿堂用三层。当主体建筑很高很大时,作为基座的台基尺度相应增大,但不宜按比例放大,否则尺度失真。古代重要的建筑可重叠几层基座,以示尊贵,例如,北京故宫的三大殿、天坛祈年殿等,都使用了三层须弥座台基。

6.3.1　普通台基

普通台基外包砖石,中间安置踏道。在转角处置角石加固,在台基的最上面,沿边设置长条形的压阑石,也称"阶沿石""阶条石",是加固台基的主要构件(见图6-14)。台基侧面用石或砖砌平,宋代以前有的设间柱,上面或施栌斗。南北朝至唐代,台基常在侧面错砌不同颜色的条砖,或在表面贴各种纹样的花砖,也有的做成连续的壶门。壶门是曲线构成的装饰门洞,是随着佛教传入中国的艺术式样。宋元台基常在转角处的角石上雕刻高浮雕的狮子、龙凤等,生动有趣。

在台基以内,柱脚下端安置柱顶石、柱础。唐、宋柱础常用莲瓣样式,明清官式柱础多用鼓镜式,且多与柱顶石连做;南方建筑柱础类型多种多样,因气候多雨潮湿,柱础一般很高,且有的分数层。

6.3.2　须弥座

须弥座是随着佛教传入中国的建筑式样。须弥座最早用于佛座和佛塔的基座,唐宋以后用于重要建筑,如宫殿、坛庙的主殿基座。明清时期,须弥座使用广泛,宫墙下的隔减、平台、祭坛、碑座,甚至水池、花坛、灯座皆可使用。

须弥座台基由上下叠涩和中间收缩的束腰组成。北朝时期的须弥座形式简单,仅由数道直线叠涩与较高的束腰组成,没有多少装饰。隋唐以后,须弥座上逐渐出现了莲瓣、卷草纹饰以及力神、角柱、间柱、壶门等,造型日益复杂。敦煌第172窟盛唐

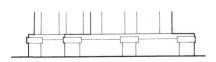
四川雅安汉代高颐阙
（刘敦桢《中国古代建筑史》第57页）

山东微山东汉画像石
（《山东汉画像石选集》第34图）

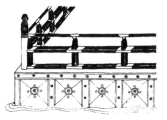
敦煌唐代壁画
（刘敦桢《中国古代建筑史》第170页）

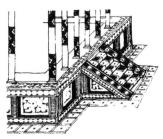
敦煌唐代壁画
（刘敦桢《中国古代建筑史》第170页）

宋画《晋文公复国图》

宋画《四景山水图》

图 6-14 古代台基形象

壁画中所示，须弥座上使用了花砖贴面。唐、宋、辽、金的须弥座束腰上多用隔身版柱，柱间雕刻团窠、壶门，壶门中雕刻佛像、狮子、伎乐人物等（见图 6-15）。元代须弥座束腰的角柱改成"巴达玛"（蒙语"莲花"）式样，壶门及人物雕刻已很少使用。元代还出现了折角形须弥座，即基座成"亚"字形，用于喇嘛塔中。明、清的须弥座上、下部基本对称，束腰变矮，莲瓣肥厚，装饰多用植物或几何纹样。

清官式须弥座的构成比较程式化，由上而下分为上枋、上枭、束腰、下枭、下枋、圭角、土衬石等几个部分（见图 6-16）。上枋一般比下枋稍厚。当须弥座高度不能满足要求时，可将上枋、下枋做成双层。上下枭多雕刻莲瓣、宝相花、番草、云龙、巴达玛等。束腰，多雕成"梯花结带"的图案，即串梯状的花草，配以飘带。束腰转角处理有以下几种做法：① 不做任何处理；② 用角柱，称"金刚柱子"或"如意金刚柱"；③ 做成玛瑙柱子，或称"马蹄柱"；④ 庙宇中多雕成力士的形象。圭脚部分多雕成如意云的纹饰。

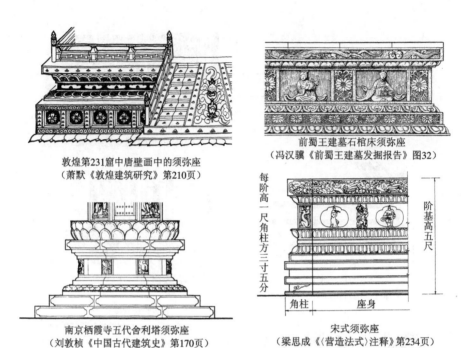

敦煌第231窟中唐壁画中的须弥座
(萧默《敦煌建筑研究》第210页)

前蜀王建墓石棺床须弥座
(冯汉骥《前蜀王建墓发掘报告》图32)

南京栖霞寺五代舍利塔须弥座
(刘敦桢《中国古代建筑史》第170页)

宋式须弥座
(梁思成《〈营造法式〉注释》第234页)

图 6-15　唐、五代、宋须弥座

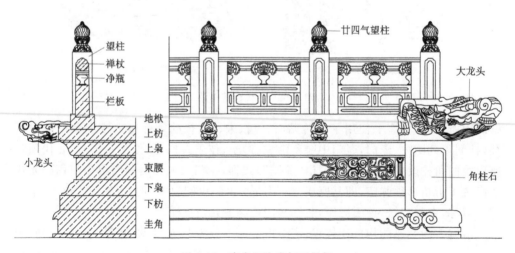

图 6-16　清式须弥座与石栏杆

6.3.3　踏步、坡道

　　室外台基用以升降的交通设施,有阶梯形台阶与斜坡式慢道两种。

　　台阶是上下台基的踏道。按位置区分,有正面踏跺(位于前后檐明间正中)、垂手踏跺(在正面踏跺两侧,若与正面踏跺连做在一起,合称"连三踏跺")、抄手踏跺(位于前后廊两侧,相当于唐宋以前的侧阶)。

宋代称台阶、踏步为踏道。两旁带有垂带石的踏道,最早见于东汉的画像砖中。踏道侧面的三角部分,在宋、元时砌成逐层内凹的形状,称为"象眼",明代以后则用平砌。

不用垂带石,从三面都可以上人的台阶,称为"如意踏步",多用于住宅或园林建筑。有的用未经加工的石料(太湖石等)随意叠成不规则形状,称为"云步踏跺",多用于园林中。

以砖石砌成的没有梯级的斜坡道,唐宋称为"慢道",清代称为"礓磋"。坡道一般用于室外,可以供车马通行。敦煌唐代壁画中的慢道,绘有流畅的花纹,表明是用花砖砌成,有的还将慢道分为左、中、右三路,用不同的花砖斜铺。清代的礓磋,用砖铺成斜齿状,也可用整石凿成,用以防滑。

汉代文献中有"左城右平"的记载,"平"指斜平坡道;"城"指阶级形踏跺。在唐代壁画和宋代界画中,已将慢道置于两踏道之间,可以行走车辇。明清宫殿中称这种慢道为"御路",其上雕刻云龙水浪。御路是踏道中等级最高的一种,只能用于皇宫和皇家庙宇等建筑。

敦煌唐宋壁画中还有一种带勾栏的凸弧状慢道。宋《营造法式》小木作制度中的佛道帐等,有前面缀以垂带呈凸弧状的踏道,称为"踏道圜桥子"。

6.3.4　铺地

铺地分室内铺地与室外铺地。

夯土地面是历史最早的地面做法。唐代长安城内的大小街道,仍然是由土筑而成的。周代就已出现砖铺地面。汉代以后,室内与室外常用的是方砖与条砖铺地。唐代大明宫遗址中的室内地面,重要的部位用表面磨光的石材铺砌,其他部位用素面方砖铺砌。敦煌唐代壁画中常见到室内用花砖铺地,唐代室外遗址中也常见花砖,图案有莲花纹、海兽葡萄纹等(见图 6-17)。但花砖铺地,在宋代以后就很少使用了。明清江南住宅、园林中的楼阁,还在楼层铺砖。除砖铺地外,明清民间建筑中的室外地面处理还有灰土地面、三合土地面、石板地面、卵石地面等。

室外铺地要解决好雨水冲刷、排水、防滑等问题,尤其是屋檐下、台基边的散水,庭院中的道路等,都需要重点处理。秦汉以前,常用卵石铺砌散水,近代民间简易建筑还在使用,但卵石易被雨水冲散。汉代以后,都用砖竖砌或平砌作为散水,有较好的整体性与稳定性。道路铺地,则更需要注意稳定。《营造法式》规定室外道路两边用侧砖砌线道两周,道路中间高,两侧低,称为"虹面"。还规定室外柱脚至阶龈(阶沿)的排水坡度为 2% 或 3%。

用砖铺装地面,清代称为"墁地"。墁地用砖有方砖和条砖两类。方砖包括尺二砖、尺四砖、尺六砖、金砖等;条砖包括城砖、地趴砖、亭泥砖、四丁砖等。清式建筑室内,简单的小房用斧刃砖、陡板砖墁地;等级高的用细墁地面,砖料经过砍磨加工,表

图 6-17　敦煌唐代壁画中的砖铺地、散水

面平整光洁,棱角挺括,铺完后可用桐油浸泡,称"钻生",以增加砖的表面强度。细墁中的最高级做法称"金砖墁地"。金砖墁地时,用钻生泼墨,即以黑矾水涂抹地面,擦干后还要用熔化的四川白蜡抹于地面,再用竹片将蜡铲去,称为"烫蜡",用软布将地面擦亮。金砖墁地用于宫殿中的主要殿堂,明清所用金砖为苏州所产的上等方砖。金砖地面光滑平整,乌黑油亮,软硬适度,耐磨耐擦。

　　北方庭院多在纵横轴线上用方砖墁地,形成十字形的甬路;沿房屋台基四周铺砌向外微斜的散水(见图 6-18)。宫殿、坛庙之中,轴线御道则用石板铺砌,两侧再用青砖墁地(见图 6-19)。青砖铺地有平铺与竖铺两种。竖铺也称"砍砌",是将砖侧立,砖的侧面成为地表面,砖的宽度成为路面的厚度。竖铺耗砖量大,但耐磨、耐久,尤其适用于室外人流量大或车马通行的路面。

　　传统的青砖铺地,软硬适度,有良好的保温、透气功能。近几十年来,在古建筑维修及仿古建筑工程中的室外铺地,也经常使用仿制的水泥砖。水泥砖制作简便,坚固耐磨,可以满足人流量大的需求,这是其优点。但水泥砖冬寒夏热,且不透气,会影响庭院花木根系的发育,这是其缺点。以水泥勾缝者,砖缝内不生青苔与杂草,也有损自然生机。若室内用水泥砖铺地,在南方春天潮湿季节,地砖表面还容易结露。

　　江南园林中的花街铺地,用砖瓦等普通材料与碎石、瓷片、残砖、片瓦等铺成各式花样,非常美观。《园冶》特列"铺地"一节:"如路径盘蹊,长砌多般乱石,中庭或宜叠胜,近砌亦可回文。八角嵌方,选鹅子铺成蜀锦;层楼出步,就花梢琢拟秦台。……废瓦片也有行时,当湖石削铺,波纹汹涌;破方砖可留大用,绕梅花磨斗,冰裂纷纭。"书中还附有"砖铺地图式"15 幅。

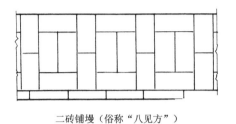

二砖铺墁（俗称"八见方"）

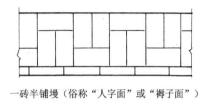

一砖半铺墁（俗称"人字面"或"褥子面"）

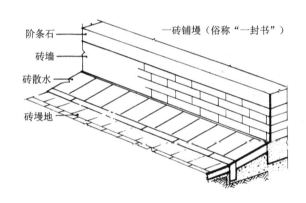

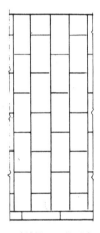

五砖铺墁（四整两破）

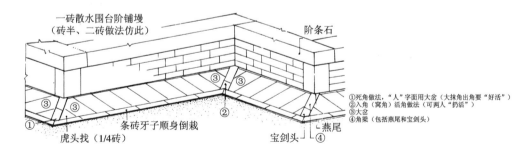

图 6-18 北京故宫台基、墙脚砖散水（《中国古代建筑技术史》第 569 页）

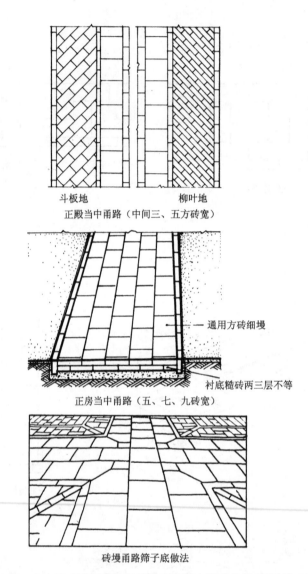

斗板地　　　　　柳叶地

正殿当中甬路（中间三、五方砖宽）

——通用方砖细墁

衬底糙砖两三层不等

正房当中甬路（五、七、九砖宽）

砖墁甬路筛子底做法

图6-19　北方清式建筑庭院砖铺地(《中国古代建筑技术史》第569页)

6.4　古建筑的门窗做法

6.4.1　门

　　古代建筑中的门主要有板门与格子门（格扇门）两大类。其次在住宅、园林中还有推拉门、栅栏门等。

　　板门和格扇门两者的功能不同。板门是宫殿、寺庙、宅第等院落直接对外的大门，主要作用是防御，没有过多的装饰作用。格扇门是厅堂房屋朝向院落、天井的门，防御作用不大,有较强的装饰性。

1. 板门

　　板门是由若干块木板拼成门扇的大门,用于城门、宫殿、衙署、庙宇、住宅的大门,一般为两扇(见图 6-20)。按构造区分,板门有实榻门与棋盘门两种。实榻门由数块厚木板拼合而成,木板施暗串带固定,防御性很强。棋盘门则用抹头做成边框,内安

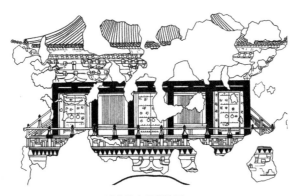

唐节愍太子墓壁画
(《唐节愍太子墓发掘报告》第44页)

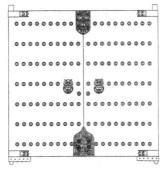

前蜀王建墓中室木门
(冯汉骥《前蜀王建墓发掘报告》第18页)

山西大同辽墓壁画

图 6-20　唐、五代、辽代的板门形象

门板,背面用数条穿带固定,略呈棋盘状。城门、宫殿、衙署的板门装设门钉,门钉铜质或木质,按照建筑的等级需要设置门钉路数,常用的有 5 路、7 路、9 路等(见图6-21)。清代以前,门钉路数与每路的门钉数并不一致。清官式规定,路数与门钉数要相同,如门钉 7 路,每路要用 7 个门钉。除门钉外,还要安装门页、门铍、铺首(门环)等金属饰件,上槛上施门簪数枚,整个大门气势威严。在民居之中,大门门扇常用青砖、铁皮或竹片包镶,门扇正中还设置门对或门神。

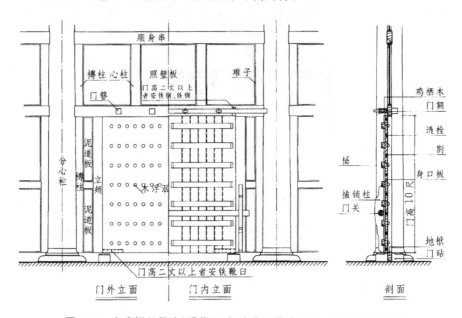

图 6-21　宋式板门做法(潘谷西、何建中《〈营造法式〉解读》第 111 页)

门枕石用于安放大门门轴及门槛。简单的是方形门墩,做成鼓状的称"抱鼓石"。抱鼓石在宋代已经出现。北方住宅中的抱鼓石,俗称"门鼓子",有许多变化形式。

2. 格子门

唐末、五代出现的格子门,因其透光、通风、可拆卸的特点,宋代以后被广泛使用(见图6-22)。格子门一般作建筑物朝向院落的外门或内部隔断。设计格子门时要特别注意的是,不能开门洞只做一扇两扇,而必须做满一个开间,每间可用四扇、六扇、八扇。安装在金柱或檐柱间、分隔内外的装修,清代称为隔扇。

清官式的隔扇做法比较程式化。隔扇的构成与宋代的格子门相似,只是构件的名称不同而已(见图6-23)。隔扇由两边的外框(即边梃)、外框之间横向的抹头组成框架。上为隔扇心,又叫"花心",常见的有菱花、方格、棂条、万字、冰裂等式样。下为裙板,裙板上下为扁长形的绦环板。根据建筑的等级、体量,隔扇有六抹头、五抹头、四抹头、三抹头、二抹头等区分。北方隔心样式有一码三箭、方格、步步锦、龟背锦、拐子锦、灯笼框等。宫殿、坛庙中的隔扇,隔心常用三交六椀、双交四椀等棂花样式,绦环板、裙板起突金龙,边梃与抹头接榫处钉面叶,皆紫铜錾花并鎏金。清代称这种隔

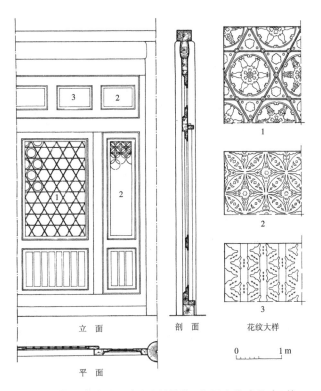

立面　　　剖面　　　花纹大样

图 6-22　朔州崇福寺弥陀殿大门(刘敦桢《中国古代建筑史》第 258 页)

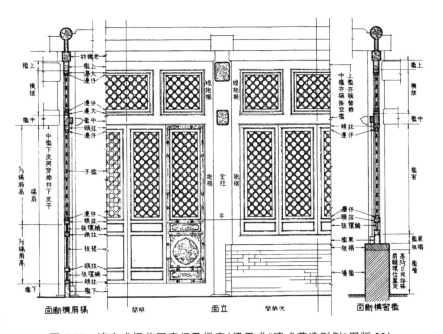

图 6-23　清官式槅花隔扇门及槛窗(梁思成《清式营造则例》图版 22)

扇为"金扉""金琐窗"。

安装在外檐的隔扇,江南称"长窗",用于明间或全部开间(见图 6-24)。长窗的比例较北方瘦长,一间可设四扇、六扇、八扇,以六扇最为常见。内心仔部位的棂子样式十分丰富,有万川、万字、回纹、书条、柳条、冰裂、拐子、八角、六角、灯景等,若棂子空当过大,可加工字、卧蚕、方胜、卷草、蝙蝠等卡子。明人计成《园冶》一书,十分推崇柳条隔子,认为这种样式十分雅致,书中收录了 40 余种柳条隔子的变化样式。

图 6-24 苏州园林中的长窗(刘敦桢《苏州古典园林》)

古代的格子门格心内嵌以云母或贝壳切薄做成的明瓦,或糊上纸、纱,有的纸、纱用油浸过,以增加透明度和防水性,棂条间的间距在 10 cm 左右。清末玻璃应用后,棂条之间的间距加大,图案变得更为自由。在浙江东阳、福建福州与泉州、广东潮州、云南剑川等木雕发达之地,还用整块木板精雕细琢成花鸟、人物故事,作为格心。

6.4.2 窗

西周铜器和战国木椁上已有带十字方格或斜方格子的窗子形象。汉明器中窗格也有多种式样,如直棂、卧棂、斜格、套环等。唐以前的外窗仍以直棂窗为多,可固定但不能开启。宋代开始,可开启的窗户渐多,在类型和外观上有很大发展。除了设在墙上的窗户外,汉代开始还出现了天窗,多用于仓库的屋顶上。西藏、甘肃、内蒙古等地喇嘛庙的经堂屋顶,也使用天窗,以解决大面积房间的采光问题。

1. 直棂窗

在汉墓和明器中可以见到直棂窗。北朝的石建筑和石刻,唐、宋、辽、金的砖、木建筑和壁画中,直棂窗也是最常见的一种外窗。宋《营造法式》记述的直棂窗有破子棂窗与板棂窗两种。破子棂窗也写作"破子窗"。破子棂窗直棂的断面为等腰直角三角形,即将正方形断面的棂条沿对角线一分为二,安装时直角朝外,以便采光,平面向内,以便糊纸。板棂窗直棂的断面为扁方形(见图6-25)。棂条的数目多为奇数。当棂条过长时,可在中间或上下加几条承棂串。明代的柳条隔子、清代的一码三箭,即由此发展而来。从明代起,直棂窗在重要建筑中已逐渐被槛窗所取代,但在民间建筑中仍然使用。

图 6-25 北京故宫保和殿西库房一码三箭直棂窗(《中国古代建筑技术史》第 157 页)

直棂窗是固定的,不能启闭。有的在后面安装可以推拉的木板以启闭;还有的用内外两层直棂窗,内层可推移;内外棂条重合则开,错开则闭。闽南、岭南等地还用石材制成仿木形式的直棂窗,窗棂断面为正方形或扁方形,有的在棂之上下做出圆榫,卡入上下窗框,棂条便可以转动,调整角度,以便控制采光量与通风量,作用如同百叶窗。

2. 槛窗

槛窗施于殿堂门两侧各间的槛墙上,宋代已见之。它是由格子门演变来的,又称"格扇窗",所以形式也相仿,但只有上下抹头和绦环板,没有裙板。一般建筑的明间、次间做格扇门,梢间、尽间则做格扇窗。格扇窗应与格扇门相呼应,式样与格扇门相同,只是去掉格扇门下部的裙板。与格扇门相似,格扇窗也应做满一个开间,不能只在窗洞内做一扇两扇。清式的格扇窗与格扇门一起使用,一般用三抹头,划分为槅心与绦环板两部分,构成与格扇门基本一致,以保持建筑整体风格的和谐统一。

3. 支摘窗

支窗是可以支撑起来的窗,摘窗是可摘取下来的窗,后来合在一起使用,称"支摘窗"。支窗最早见于广州出土的东汉陶楼明器。宋画《雪霁江行图》在阑槛钩窗外也使用了支窗。

清代北方建筑的支摘窗位于前檐金柱或檐柱间(见图 6-26)。其做法是:在槛墙之上,居中施间框(又称"间柱"),将空间分为两半,即支窗与摘窗的面积大小相等。间框上端交于上槛,下端立在榻板上(支摘窗不施下槛)。在抱框、间框之间安支摘窗。支摘窗分内外两层。内层固定,内层上段可安纱,以便通风;内层下段装玻璃,以

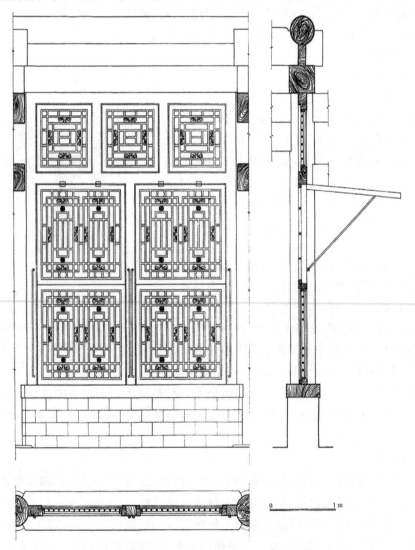

图 6-26 北京颐和园乐寿堂支摘窗及横风窗(清华大学建筑学院《颐和园》)

利保温、采光。外层上为支窗,可以支起,窗外糊纸或安玻璃;下为摘窗,可以摘下,窗棂外糊纸以挡视线。

支摘窗的做法,南方也可以见到,但未如北方用内、外两层,南方支摘窗只有一层,一般只可支起。南方建筑因通风需要,支窗面积较摘窗大一倍左右,窗格的纹样也很丰富(见图 6-27)。《营造法原》称其为"和合窗"。和合窗多用于园林建筑与住宅中。广州一带称这种窗户为"满州窗"。

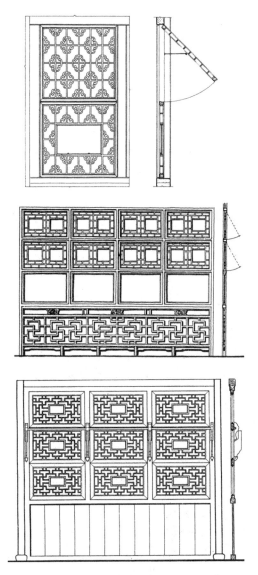

图 6-27　江苏、浙江民居支窗(刘敦桢《中国古代建筑史》、中国建筑技术
发展中心建筑历史研究所《浙江民居》)

4. 横披窗

门窗之上固定的横长形的高窗为横披窗。当柱子高大时,在门、窗上另设中槛,槛上设置固定的横披窗,避免因过高而开启不便的缺陷,又可通风、采光。横披窗的棂格样式与下面的门窗一致。横披窗在宋、辽时期出现。山西朔州崇福寺金代建筑弥陀殿门楣上,使用了有四椀棱花等几种精美图案的横披窗。宋代还有用于高处的睒电窗,也属于横披窗,棂条做成水波纹形,在南方住宅中可以见到。

5. 漏窗

漏窗最早见于广州出土的汉墓明器,用于住宅的外檐墙、山墙和庭院围墙上。明清时期,漏窗广泛应用于住宅、园林中的墙垣上,促进了院落内外的通风,使冗长、平板的墙面产生变化,又使空间似隔非隔,富有层次。明嘉靖时仇英与文征明合作的《西厢记》图中画出许多精致的漏窗,崇祯时计成《园冶》中所录 16 种漏窗式样,表明当时在这方面已达到很高水平。

漏窗可以用薄砖砌成,形成六角、万字、冰纹、菱花等几何形体图案。也可以用筒瓦、板瓦做成弧形图案,如鱼鳞、钱纹、球纹、波浪等形。或者由两种以上线条构成复杂图案,加万字海棠、六角穿梅花、各式灯景等。还可以以铁片、铁丝为骨,外敷麻丝、灰浆等,塑成各种复杂的动植物式样,如梅、兰、竹、菊、松柏、石榴、狮、虎、云龙等。江南园林中有许多复杂而美观的漏窗图案,今天还值得借鉴(见图 6-28)。华东、华南等地还有用整块石头雕成的漏窗,图案多变,雕工精美,嵌于墙壁上,装饰性很强。

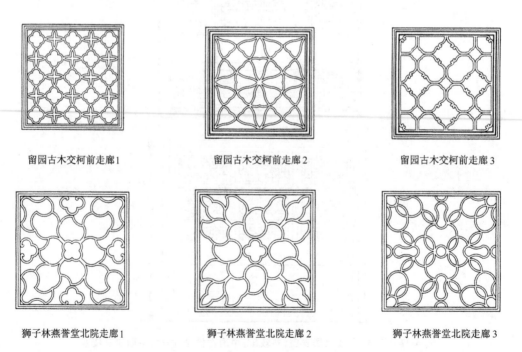

留园古木交柯前走廊1　　留园古木交柯前走廊2　　留园古木交柯前走廊3

狮子林燕誉堂北院走廊1　　狮子林燕誉堂北院走廊2　　狮子林燕誉堂北院走廊3

图 6-28　苏州园林中的漏窗(刘敦桢《苏州古典园林》)

狮子林燕誉堂北院走廊4

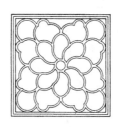

狮子林燕誉堂北廊东端

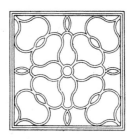

狮子林小方厅北廊东端

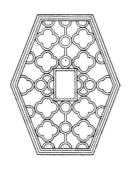

沧浪亭瑶华境界东走廊

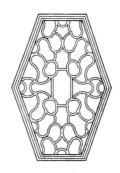

沧浪亭瑶华境界西走廊

续图 6-28

清代北方皇家园林中也模仿江南园林使用漏窗,但体量厚实,边框也涂饰红、绿线脚,以适应北方的建筑风格,体现皇家气派。北方园林中还有一种什锦窗,其外形有扇面、蕉叶、仙桃、石榴、银锭、方胜、双环、三环、套方、四方、五角、玉壶等。什锦窗可以做成漏窗,也可以安装纱或玻璃,做成灯窗。还有的什锦窗是镶嵌在墙壁上的盲窗,只起装饰墙面的作用。

6.5　古建筑的栏杆做法

栏杆用于台基、平座边缘及廊下檐柱之间,起着围护与装饰作用。按照材料区分,古建筑中的栏杆有木栏杆、石栏杆、砖栏杆、竹栏杆等几种,木栏杆使用最为普遍,室外则多用石栏杆。距今 7 000 余年的浙江余姚河姆渡新石器时代遗址中,就已发现有木构的直棂栏杆。在汉代画像砖、画像石和明器上,栏板纹样有直棂、卧棂、斜格、列钱、鸟兽等多种。到了南北朝,石刻中流行规矩栏板(《营造法式》称为"勾片造")。这种样式的栏杆一直沿用到唐、宋(见图 6-29)。唐代木勾栏据敦煌壁画所示,寻杖和栏板上常绘以各种彩色图纹,样式更为华丽。勾栏的各构件交接处,普遍用白铜等金属片加固,产生了质感和色彩的对比变化(见图 6-30)。这种做法在古代日本也十分盛行。

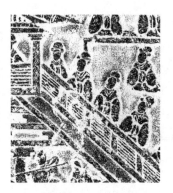

山东微山画像石（东汉）
（《中国美术全集：画像石画像砖》）

山东微山画像石（东汉）
（《中国美术全集：画像石画像砖》）

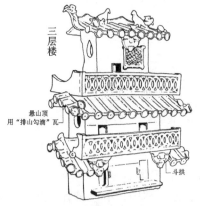

东汉陶楼中的栏杆
（梁思成《图像中国建筑史》第14页）

东汉双阙重楼画像石中的台基、栏杆
（梁思成《图像中国建筑史》第15页）

勾片栏杆（北魏云冈石窟）
（傅熹年《中国古代建筑史（第二卷）》第257页）

直棂、勾片栏杆间用（敦煌北魏第257窟）
（刘敦桢《中国古代建筑史》第109页）

图 6-29　汉代、北魏栏杆

　　宋代用于限隔的小木作除勾栏外，还有用于廊柱间的防护性栅栏，称"叉子"；用于城门、宫殿、衙署前的可移动路障，以阻止车马通行，称为"拒马叉子"。拒马叉子由两棂子如叉手般相交，上用"上串"、下用"连梯"固定。

平座勾栏、砖须弥座
敦煌第172窟盛唐壁画
（刘敦桢《中国古代建筑史》第170页）

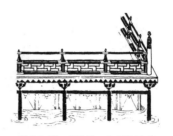

平座勾栏（敦煌第25窟唐代壁画）
（刘敦桢《中国古代建筑史》第170页）

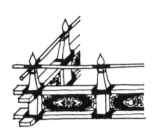

勾栏寻杖绞角造
敦煌第226窟盛唐壁画
（萧默《敦煌建筑研究》第214页）

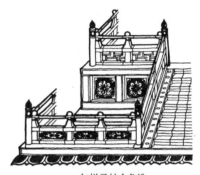

勾栏寻杖合角造
敦煌第237窟中唐壁画
（萧默《敦煌建筑研究》第211页）

勾栏寻杖合角造
敦煌第98窟五代壁画
（萧默《敦煌建筑研究》第209页）

平座勾栏（唐李寿墓城楼壁画）
（《文物》1974年第9期，第80页）

图 6-30 唐、五代栏杆

6.5.1 木栏杆

宋《营造法式》小木作制度中，按栏杆的尺度大小及装饰繁简分为重台勾栏与单勾栏两种。实物中以单勾栏居多。单勾栏的做法是，转角施望柱；望柱之间上施寻杖，下安宽而平的枋木（盆唇木）、栏板与地栿；寻杖与盆唇木之间的空当施瘿项或撮项云栱（见图6-31）。宋以前木勾栏的寻杖多为通长，仅转角或结束处才立望柱。若

宋画《晋文公复国图》

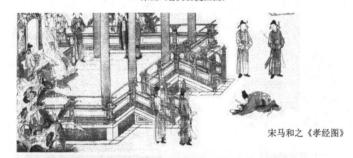

宋马和之《孝经图》

宋画《清明上河图》中的格子门与斗子蜀柱卧棂栏杆

宋画《瑶台夜月图》

图 6-31　宋画中的木栏杆

　　寻杖止于转角望柱而不伸出的,《营造法式》称"寻杖合角造"。寻杖在转角望柱上相互搭交而又伸出者,称为"寻杖绞角造"。唐宋绘画中所见,不但寻杖绞角,盆唇木、地栿也常用绞角。绞角造,元代以后已不常使用。宋、辽、金建筑中,栏杆上的花纹图案十分丰富,山西大同华严寺内的辽代壁藏的平座勾栏,花纹样式多达 34 种。

宋代栏杆的瘿项云栱、撮项云栱在明代已逐渐演变成荷叶净瓶式,明清官式的石栏杆也以荷叶净瓶为多。在明清民间住宅及园林中,栏杆的样式千变万化,明末计成的《园冶》中收录的明代栏杆样式多达 100 种。明清时期的住宅、商店、会馆等建筑中,还流行一种不用寻杖的栏杆,栏杆整体由几何图案或各式棂花的栏板组成。北方住宅、园林之中,还有一种安装在柱脚处的坐凳楣子,也叫"座栏",是一种高度只有40 cm 左右的低栏杆,不施寻杖,盆唇很宽,可供坐下休息。坐凳楣子经常与额枋下的倒挂楣子配合使用。北方商业建筑的平台屋面边缘,还安装朝天栏杆,主要用作装饰。唐宋壁画、绘画中常见到室外平台上使用木栏杆。用于临池及高台基边缘的木栏杆,应注意坚实稳固、安全可靠,可以在木望柱、地栿或寻杖中预埋铁筋加固。

鹅颈椅是一种有弯曲栏杆的固定式坐槛椅,近水的榭、轩、亭、阁经常使用,南方又称为"飞来椅""美人靠""吴王靠",除了可供休息凭倚之用,还能增加建筑外观上的变化。在宋画中有许多鹅颈椅的形象。《营造法式》中"阑槛钩窗"就是它的早期形式。鹅颈椅位于檐下,常受风雨侵蚀,故其结构应安全可靠,以免发生意外。江南各地鹅颈椅常将靠背的榫头插入坐槛卯口,再用铁钩或木条拉往;也可以增加鹅颈的数量,使寻杖连接固定。

6.5.2　石栏杆

石栏杆出现较晚,南北朝遗址中只发现了石螭首,栏板与望柱均未见实物。隋代安济桥、五代栖霞寺舍利塔石栏杆,都是仿木栏杆的做法。唐长安大明宫麟德殿出土石螭首上留有颜色残迹,表明当时石栏杆上尚有敷色的做法。

《营造法式》规定石勾栏"每段高四尺,长七尺",高度及长度是固定的,可以说是预制构件,因为石材制作有一定困难。从《营造法式》所述看,勾栏的做法,可能是分成寻杖、云栱、盆唇、束腰、华版、地栿等构件拼装的。但实际上若像小木作那样分件细致,是不利于勾栏稳定的。南京栖霞寺五代南唐舍利塔勾栏,望柱、寻杖、云栱各分件制作,盆唇、地栿及两者之间的万字版,用一整石雕成,再分段拼接。浙江绍兴宋构八字桥勾栏、江苏苏州玄妙观宋构三清殿石勾栏,望柱以内,勾栏由整石雕成,已与明清官式石作勾栏做法相近。

清官式石栏杆又称"栏板望柱""栏杆柱子",由下面的地栿、两端的望柱与中间的栏板组成。台阶上的栏杆柱子,还在下端加抱鼓或靠山兽,因而垂带之上,地栿、柱子、栏板称为"斜地栿""斜柱子""斜栏板"。清式有禅杖栏板(寻杖栏板)与罗汉栏板两大类。栏板用整石做成,用榫头插入望柱与地栿。禅杖下为花瓶、透瓶或净瓶,相当于《营造法式》中的瘿项、撮项。净瓶、净瓶荷叶、净瓶云子,一般三个,两端一般只做一半。望柱下施螭首,用作排水口;每段栏杆之中,在地栿之下刻出水沟,作为辅助排水口。石栏杆望柱柱头形式很多,宫殿、坛庙等重要建筑多用云龙、云凤、龙凤、狮子、莲瓣、石榴等,住宅、园林等多使用水纹、夔龙、云子、二十四气、八不蹭等自由多变的样式。

　　江南园林中还有用砖石制成的矮栏杆,称"平台栏杆",多用于临水的厅、堂、榭、舫,可供行人坐息,栏杆造型活泼多变(见图 6-32)。

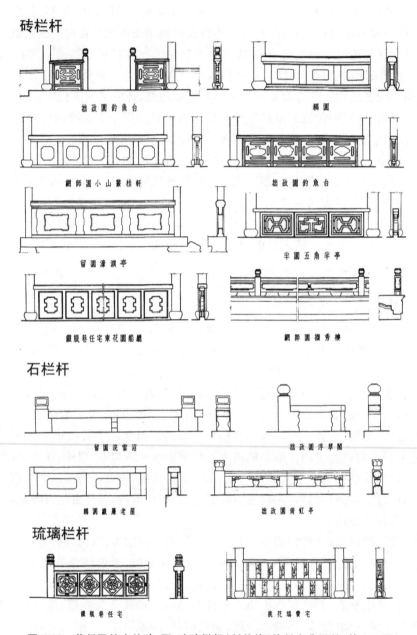

砖栏杆

拙政园钓鱼台　　　　　　　耦园

網師園小山叢桂軒　　　　　拙政園钓鱼台

留園濠濮亭　　　　　　　　半園五角半亭

鐵瓶巷任宅東花園船廳　　　網師園撷秀樓

石栏杆

留園洗雲沼　　　　　　　　拙政園浮翠閣

耦園鐵蒹老屋　　　　　　　拙政園倚虹亭

琉璃栏杆

鐵瓶巷任宅　　　　　　　　洪花墩費宅

图 6-32　苏州园林中的砖、石、琉璃栏杆(刘敦桢《苏州古典园林》第 260 页)

7 古建筑的装饰设计

我国古建筑的装饰及其工艺美术,历史悠久,手法多样,文化内涵丰富。同时还具有突出的民族性、历史性和地域性。不同历史时期、不同民族、不同地域的建筑装饰风格和工艺手法都不尽相同,体现出了中国建筑鲜明的美学特征。

① 它是显示建筑的社会价值的重要手段。装饰的式样、材质、色彩、题材内容都服从于建筑的社会功能。如宫殿屋顶用黄色琉璃瓦,彩画用贴金龙凤,殿前用日晷、嘉量、品级山、龟鹤、香炉等以示帝王的尊严;私家园林用青砖小瓦,或原木本色,朴素淡雅,以体现超然淡泊的文人品格。

② 装饰性与实用性相结合。建筑装饰往往与建筑物本身紧密结合,而不是可有可无的附加物。油饰彩画为保护木材,屋顶吻兽是保护屋面的构件,花格窗棂便于糊纸遮光御寒。至于施以雕刻工艺的柱础、栏杆、螭首(吐水口)以及梭柱、月梁、拱瓣、霸王拳、菊花头等梁枋端头,本身就是对建筑构件的艺术加工。

③ 具有规格化、定型化的特征。中国古建筑的装饰有着严格又规范的做法,特别是建筑装饰的等级性,例如,建筑彩画艺术中不同等级的和玺彩画、旋子彩画、苏式彩画就有着严格的程式,这也是中国建筑不同于世界各国建筑的独特之处。

④ 中国古建筑装饰艺术除了有着鲜明的时代性和民族性之外,还有着明显的地域性。建筑装饰的艺术风格、工艺技法、材质运用等各方面每个地方都不相同,甚至在同一个省内的不同地区也不相同。例如,建筑上的雕刻装饰(木雕、砖雕、石雕等),北方的风格粗犷,南方的则风格细腻。

7.1 色彩的装饰

我国古代先民掌握和运用色彩并将其用于建筑装饰的历史极为悠久。据文献《易·系辞》所载:"上古穴居而野处。"人有了居所,就会对居所进行装饰。我们从仰韶文化以及龙山文化的聚落遗址,已能见到用极为简单的手法对极为简陋的居室所做的装饰,即在居室草泥上用白灰色的石灰质材料做成较为坚硬光滑的表面。大量的考古发掘资料表明,早在原始社会的中后期,上古先民已经能熟练地用红土、白土做建筑涂料;到新石器时代,已能将铁红这类矿物颜料用于装饰麻布。以后,人们又发现了更多的天然颜料,如矿物质中赤铁红、朱砂、雄黄、雌黄、石青、石绿、贝粉、炭黑、松烟等。并进而发现,将这种富含色彩的物质附饰于建筑材料上,既使得建筑材料的某些缺陷得到掩饰,令整个建筑显得鲜艳美丽,还可以保护建筑材料避免暴晒、水渍和虫蛀的侵蚀。因而,施彩于材、饰纹于物便久为盛行。

1. 中国古代建筑色彩的社会意义

我国古代建筑的色彩非常丰富，不同历史时期人们赋予了色彩不同的文化含义，并随时代崇尚的主流文化而相应地发生变化。据历史文献记载，远在殷商时期，人们崇尚黑色。到了西周，人们将青、赤、黄、白、黑五色定为"正色"，并将其与东、南、西、北、中五方和宫、商、角、徵、羽五音等附会于金、木、水、火、土五行，提出五行轮回"五德终始"的哲学思想，认为不同的朝代有着不同的五行属性，因而崇尚不同的颜色。秦始皇"推终始五德之传，以为周得火德，秦代周德，从所不胜，方今水德之始，改年始，朝贺皆自十月朔，衣服旄旌节旗皆尚黑"。（《史记·秦始皇本纪》）按"五德终始"说，秦属水德，水在五方中是北方，北为玄武，在五色中是黑色，所以秦代崇尚黑色。

中国古代建筑中的色彩具有浓厚的社会政治含义，除了上述"五德终始"说中以颜色作为朝代更替的象征以外，更重要的一个方面就是建筑色彩上的等级含义。色彩的等级是中国古代建筑等级制度中非常重要的一个方面。早在周代和春秋战国时代，礼仪制度中关于建筑等级的规定就有关于建筑色彩的规定。孔子《论语》所言"山节藻棁"和《春秋穀梁传注疏》所载"礼楹，天子丹，诸侯黝垩，大夫苍，士黈"，明确规定建筑物的柱（楹）、坐斗（节）、瓜柱（棁）施彩的等级制度：（房屋的）柱子，天子的用红色，诸侯的用黑色，大夫的用苍色，士人的用黄色。《礼记·曲礼上》孔颖达疏云："周礼九赐，四曰朱户"，便是指只有受命的士大夫方能享受在门上涂饰朱色，否则即是越制，越制是要受到严惩的。建筑色彩的等级到宋代便基本定型了，例如，建筑中最重要、最常用的几种色彩的等级顺序已经非常明确了，即最高等级是黄色，其次是红色，再次是绿色、蓝色。红墙黄瓦是宫殿建筑专有的色彩，只有最高等级的建筑才能用黄瓦。所谓最高等级的建筑即指皇家建筑，而所谓皇家建筑不仅包括皇宫、皇家园林、皇家陵墓等，还包括皇帝赐建的寺庙以及皇帝需要亲自祭拜的坛庙，如天坛、地坛、社稷坛、太庙、孔庙、五岳庙等。这些建筑都可以使用黄色琉璃瓦，次要一点的建筑可用绿色琉璃瓦顶黄色琉璃瓦剪边（只在檐口边上铺一路黄琉璃瓦），再次一等的建筑只用绿瓦，再次一等的建筑用灰瓦。黄色是皇帝专用的色彩，不仅体现在建筑上，在日常生活的其他方面也都是这样，只有皇帝的服装才能用黄色，所谓"黄袍加身"就是获得皇权的意思。

2. 中国古代建筑色彩的艺术象征意义

中国古代建筑的色彩不仅具有社会政治（朝代更替、等级伦理）的意义，同时也很讲究其艺术上的象征性。在建筑装饰色彩的运用上比较常见的，如以青色（蓝色）象征天，以黄色象征地，以绿色象征生命。同时也要特别注意建筑色彩和周围环境的协调关系。例如，在园林中，建筑比较多地采用绿色屋顶。

在建筑色彩的象征性方面，北京天坛是这方面最突出的典型。天坛是古代祭天的场所。祭天是所有祭祀礼仪中最高等级的一种，因为只有皇帝一人才能祭天，其他任何人都无权祭天。因此，祭天的建筑当然也就是最高等级的建筑，例如，北京天坛的占地面积是故宫紫禁城占地面积的 3 倍,单从这一点就足可说明其重要性。而天坛建筑的色彩则并不只是由礼仪等级制度决定的,而是更多地从艺术象征性来考虑的。天坛内祭天的主体建筑全部采用蓝色屋顶(见图 7-1)。蓝色琉璃瓦在中国其他古建筑中是很少使用的,只在祭天的天坛中使用。如果按照一般的色彩等级顺序,蓝色并不是等级很高的色彩,只是因为它像天的颜色,所以才被采用。而且在这里,它比皇帝专用的黄色还要高贵。在天坛的历史上,其建筑并不都是采用蓝色屋顶,各个时代不尽一致,例如《后汉书·世祖本纪》中就记载当时天坛圆丘的外墙做成紫色,"以象紫宫";明代嘉靖年间所建的天坛祈年殿其三重圆形屋顶的颜色分别是上蓝、中黄、下绿三种,其中蓝色代表天,黄色代表地,绿色则代表皇帝,同时也代表世间的万物生灵。清乾隆十六年(1751 年)将天坛的三重屋顶全部换成蓝色。然而,不管采用的是什么颜色,都明确表达了象征意义。在这里,色彩的象征意义大于政治上的等级意义,即使是皇帝每年一度去天坛祭天时临时居住的斋宫也不用黄色屋顶,而用绿色屋顶(见图 7-2)。

图 7-1 北京天坛祈年殿

3. 中国古代建筑色彩的文化品格和地域性、民族性

从文化品格和文化层次上来看,中国古代建筑艺术可以大体上分为三种文化:官文化、士文化、俗文化。与这三种文化相应的艺术和建筑是:

官文化——宫廷艺术——官式建筑

士文化——文人艺术——文人建筑

图 7-2　天坛斋宫正门

俗文化——民间艺术——民间建筑

官式建筑的装饰艺术风格特点是严格遵守礼制等级,用建筑来表达尊贵的社会政治地位,其装饰色彩以富丽堂皇为基本格调,红墙黄瓦,华丽的彩画,体现了皇家的气派。文人建筑的艺术特征是清新淡雅,不尚豪华的装饰,朴素而大方,例如,目前保留下来的数量众多的江南私家园林和文人宅第、书斋等,其基本格调都是粉墙黛瓦,梁柱门窗等仅施以简单的素色油漆,很少有彩画,犹如水墨丹青,色调素净但气质高雅,这是一种高文化层次的审美趣味(见图 7-3)。代表俗文化的民间建筑,其基本的审美情趣是热烈欢快、如意吉祥。在民间祠堂、庙宇等建筑上常饰以飞禽走兽、花鸟虫鱼、历史典故、神话故事等,大量采用红、绿、紫、蓝甚至粉红、粉绿等极其艳丽的色彩(见图 7-4)。不受皇家礼仪制度的约束,也没有文人艺术的那些规矩和讲究,民间工匠们大胆随意,完全根据自己的喜好来决定装饰色彩,就像民间戏曲秧歌一样热闹欢乐,不拘一格。

古代建筑装饰色彩,还能体现出地域民族性。我们从不同地域的不同建筑色彩中,不难判断出其建筑的民族属性。人们在漫长的生产生活过程中,必然要受到一定地域自然色彩和民族人文情感的影响和熏陶,逐步形成了各民族所特有的审美情趣。如中国南方的苗、瑶、侗、土家等少数民族大都居住在崇山峻岭、绿水青山之间。人们的内心世界相对封闭、情感质朴,趋于平和宁静。反映在建筑的审美倾向上,则明显

图 7-3 文人园林色调

（a）

（b）

图 7-4 民间装饰色彩

趋向于静雅朴素,不事外向张扬,以简约、质朴、含蓄见长。其"干栏式"建筑,多以原木本色为主,偶见饰色也以冷色为多。而维吾尔族是一个充满活力和激情的民族,这样的个性体现在建筑装饰艺术上,表现为喜欢使用明快鲜艳又富有反差的红、白、黄三色。

由上述可知,建筑色彩中包含着大量的社会历史、宗教、哲学、地域、民族等多方面信息,也正是由这些因素构成中国古建筑色彩的文化属性。

4. 建筑色彩与周边环境以及建筑材料的关系

人类的建筑行为本身就是一种美的艺术行为。我们所谓的古建筑之美,除了建筑技艺上的工艺之美、建筑结构之美、造型之美外,还有建筑环境和建筑材质的天然之美,但最具有视觉冲击力的是建筑装饰色彩之美。

美是需要协调的,就建筑的色彩与建筑环境、建筑材料的关系而言,更是如此。因为建筑综合了时间与空间的艺术,即所谓"景随时换"。明代造园大师计成在《园冶》一书中有"借景"之说:"园林巧于因借,……借者,园虽别内外,得景则无拘远近。"在这里,计成所说的虽然是园林要借园外青山绿水、楼阁塔影以至山石林木之景而入园。但我们不妨将其认知为"借景之色",以建筑之色融于周边环境之中,使之与其相协调。其实,就建筑本身而言,尤其是装饰色彩的运用,是不能不考虑与其载体材料间的衬配与协调的。如我们所见,古代的宫殿建筑,大都为黄瓦、红墙,汉白玉的回廊与栏杆。这种建筑材料的天然或人为色彩的运用,交映生辉,使整个宫殿建筑雍容华贵,气度恢宏,王者气派自然彰显。反之,我们于江南水乡所见的青瓦白墙的民居,立在小桥流水之畔、缀于绿水青山之间原木原色的干栏,无一不是建筑材料天然之美与建筑装饰色彩之美、自然环境之美的有机结合。这种建筑形制与建筑色彩、建筑材料间的有机协调、和谐统一,也正是中国古建筑文化与艺术魅力的传神之处。由此可见,古代建筑色彩与建筑材料的关系处理是十分重要的。处置得当,可以相得益彰,达到色显其彩、材显其质、美轮美奂的效果。反之,则可能画蛇添足,大煞风景。因此,古人在建筑物营造过程中,甚至将建筑材料与入园桃李、出墙红杏之间的色彩搭配都通盘加以深思熟虑,令其无论从整体色调还是细部色彩,都恰到好处地充盈着和谐之美。选择建筑材料时,要考虑其材质、色彩与整体建筑装饰的协调。

琉璃瓦色彩艳丽且表面有光亮,适用于殿堂、楼阁等大型的高规格的建筑,或者亭子、牌楼等具有艺术观赏性的建筑。如果用于一般的民居住宅就不合适了;在民居上使用无光亮的灰瓦,反而使人感到温暖舒适。

石材的运用尤其要注意其不同色彩和不同质地。例如,青石、花岗石是冷色调;红砂岩、石灰岩是暖色调。粉墙黛瓦的建筑适宜配以青冷色调的石材,而红墙黄瓦的宫殿就应采用白色调的石材,如汉白玉、大理石等,使其建筑色彩更加鲜亮夺目(见图7-5)。

图 7-5 红墙、黄瓦、汉白玉（紫禁城太和殿广场）

　　另外，使用石材还要考虑传统的习惯和地域的特点。例如，在历史上汉白玉石就经常被用来做宫殿建筑的台基、御路、石栏杆以及御碑、华表等。在人们的心目中汉白玉似乎已经有了特定的文化含义，在其他地方不宜多用。

　　中国地域辽阔，各地出产不同的石材，在长期的生产生活实践中，人们学会了就地取材，将当地材料的特性用于建筑装饰，取得了很好的效果。例如，福建沿海地区出产一种灰绿石，质地细腻，呈青绿色，适于精细的雕刻。人们用它做建筑墙边、墙脚、窗框、台基等处的装饰，与福建当地出产的红砖相配，形成了闽南式建筑典型的外观色彩（见图7-6）。

图 7-6 闽南建筑灰绿石装饰

7.2 雕刻的装饰

雕刻,是中国古建筑装饰艺术中最为常见也是最为重要的手法之一。对从事古建筑的设计和研究而言,我们以艺术的视角对古建筑的雕刻加以艺术地审视,对其审美特征、造型程式有本质性的认识并加以探究,当然是必要的。而对于建筑雕刻与建筑本身的关系、雕刻工艺流程与手法、雕刻与载体材料的关系、雕刻内容与其文化内涵的了解和掌握,则更是不可或缺的。下面就这些问题加以分述。

古代建筑雕刻的种类很多,按材料主要有木雕、石雕、砖雕,以及泥塑,按工艺手法主要有浮雕(又分高浮雕、浅浮雕)、圆雕、透雕、线刻等。

1. 古建筑雕刻的材料

① 木雕:古建筑的木雕对木材的要求较高,例如,常用于建筑结构材料的杉木,就不适于做木雕。木雕要求材料质地比较坚硬,纹理比较细腻。因此过去用于皇宫、寺院、祠堂、会馆以及官商府第建筑的,常有极为名贵的紫檀、黄花梨、酸枝(红木)、花梨、楠木、榉木、黄杨木、樟木、白果木等。其中紫檀、酸枝木木纹缜密,极为坚硬,色泽典雅沉稳,常呈现深红或紫中偏红色。黄花梨则是橙红带黄色,价格非常昂贵。以上三类是木雕材质中的珍稀上品,其木质比重都比水大,风干后仍然入水即沉,有"硬木"之称。楠木(又分为大叶楠、小叶楠,后者珍贵)木纹细密,气孔如针,气味具有天然的芬芳,具有防腐、防虫功能。剖刨后,纹理间有天然如丝如缎之光泽,有如金丝嵌入其中,故又有"金丝楠"之美称。榉木即红毛榉,木头中心部位的色彩多呈现出沉稳的老红色,而周边则泛黄色(亦有泛白的),木质紧密,十分坚硬。且具有耐湿抗潮、不易变形的优点,因而常被用于柱、梁、檩和门窗构件的制作。樟木中,又分红樟、白樟、黄花樟、黑节樟、细叶樟数种。其共同的材料特性是木纹细腻,且气味芳香,材质中含有天然樟脑芳香酊,具有天然防虫作用。除用于建筑构件外,还多被用来雕造神像(故又有"神木"之称),制作衣柜、书箱、书匣和餐柜、食匣等。建筑雕刻所用樟木以红樟、黄樟两类最为常见。黄杨木又分为山黄杨、水黄杨。水黄杨风干后木质带有浅黑色水渍斑纹,故以山黄杨最佳,木质极为细腻,经打磨抛光后表面有肌肤质感,长时间后表皮则有如象牙般的光泽。"黄杨无大木",故主要是用来雕琢成镶嵌的局部细件,特别精致典雅。白果木即银杏木,质地细腻,纹理密脆,便于走刀,亦有防虫、防腐功能。

此外,由于地域不同,自然植物资源分布不同,木雕的材料也各不相同。我国北方地区的古建筑木雕材料,多见榆木、柞木、楸木、椴木、红松;南方地区的古代建筑木雕材料得天独厚,种类繁多,以楠木、榉木、樟木、柚木、楸木、水青冈、油茶木、龙眼木、黄杨木、红豆杉较为常见(见图 7-7)。

(a)湖南临武县民居木雕

(b)湖南沅陵县某戏台木雕

图7-7 建筑木雕

　　② 石雕:石雕的材料也很丰富。因地域不同,出产石材的种类不一,采用的石材也不相同。主要有汉白玉、花岗石、青白石、绿青石、青石(大理石)等。

　　汉白玉:汉白玉又根据产地的不同分为山白和水白、雪花银白、青白。山白采自山坑,又称旱白,白色云状中杂有红色絮状物,或隐现红色石纹,石性脆而易裂;水白多采自山脚水浸之地,白色温润如玉,质地极为细腻,杂质少,有的也带白色絮状物,质地相对较软,十分适于雕琢,是汉白玉中的上品,在古代多用于宫殿建筑中的御道、台基、栏杆。雪花银白既结有雪白絮状物,又可见银白色晶状物,在光照下泛出银光,十分美丽。但这类材质相对较脆易裂,雕饰时要格外小心。

花岗石:花岗石在我国分布很广,因产地和质地上的差异,其种类名称也很多。北方出产的一般为豆渣石、虎皮石。前者白色粒状中杂有黄褐色,色泽有如豆腐渣。后者质地多呈褐色或褐红(黄)色,因状似虎皮而得名。南方所产多称为麻石、芝麻石、金山石、焦山石。花岗石硬度极高,可达到摩氏7度以上,抗风化能力较强,但因其材质结构多呈粒状,容易迸溅,故不宜精雕,适于做地面、台级、阶基条石。若做雕刻则只适宜于做一些比较粗略的花纹。

青白石:青白石种类繁多,因颜色和花纹不同,又可分为青绿、豆绿、豆青、艾叶绿等。四川、湖北、湖南北部、贵州、广西都是主要产区,以四川所产最为有名。青白石质地有砂质感,但颇为细腻,坚硬而不易风化,是石雕的上好材料。

青石:指青色大理石,质地细腻,色彩黛青,硬度适中,便于雕刻,故在古代南方民居建筑中最为常见。青石在中国南方分布颇广,以云南、湖南、广西所产最为有名。

此外,湖南芷江盛产一种叫明山石的,该石色彩丰富,以豆绿、紫红为多,紫地上又有红、黄、绿、白、米色相间,艳丽多彩,质地细腻温润,硬度适中,非常适合精雕细镂。故在广东、广西、贵州、四川、湖南等地古建筑石雕中多有采用。

还有一类建筑用石,主要用于园林置景,或堆山点缀。多就其天然纹理或形状,不做大的雕琢。偶尔琢之,也只是顺其形态略施小雕,稍事穿凿,且要求不得显露人工雕琢痕迹。此类园林用石,各地都产,但以太湖石、灵璧石最具盛名(见图7-8)。

(a)湘西龙山民居石雕　　　　　　　　　(b)芷江天后宫(福建会馆)石雕

图7-8　建筑石雕

③ 砖雕：做砖雕的材料，就是用泥土烧制的青砖。不过此类专门用于施加雕刻工艺的砖，在制作中，原材料和工艺均有别于砌墙所用之砖。制坯前，要精选土质，黏度要合适。先要清除泥土中的粗砂石粒和树根等杂质，保留土中的细微砂粒，甚至还要在坯土中加入适量的细砂，以保证砖坯烧结时形状稳定不变。然后对泥坯土要过中、细筛子，再开凼浸泥，用力踩杵，浸泥时间视季节一般为 3～5 天，使之充分发酵，确保砖坯结构十分紧密，烧结时不生气泡。然后再按日后雕刻所需，造模定坯，送入窑中经 800～1 000 ℃高温焙烧，再封窑闷水，以保证砖色黛青一致，表面光洁平整。如此烧制出的砖，叫"雕坯""雕砖"。这样，就可以在上面施以雕琢了。

砖雕可以做得非常细腻，因为其材料的特性（质地细密，而与石头相比又比较软），可以加工成精致的雕刻作品，如花鸟植物、人物故事场景等，因而在砖木结构的建筑上是最常使用的装饰手法之一（见图 7-9）。

(a)南京博物院藏"孔融让梨"砖雕　　　　　　(b)山西平遥民居砖雕

图 7-9　建筑砖雕

④ 泥塑：建筑上的泥塑主要是建筑物的屋脊、翘角、墙头、墙面等处所做的堆塑，泥塑一般都配上色彩，因而又叫"彩塑"。其一般的做法是先在墙面用竹条、木条或铁条钉扎出龙骨，作为支撑，使塑上去的塑泥附着牢固。龙骨的做法有插、钉、扎三种。插，即将竹条、木条、铁条插入墙面砖缝，然后用泥灰填实挤紧；钉，即将竹条、木条、铁条用钉子钉固在墙面上；扎，即将插好或钉好的竹条、木条、铁条编扎成简单的支撑骨架，此法又叫"搭撑""扎龙骨"。用于古建筑墙面堆塑的材料和配方，我国南北因地域物产和工艺的差异而有所不同。就是在同一区域，因泥塑工匠派系的不同，材料配方和工艺手法也不尽相同。南方地区塑泥材料的主要成分为石灰，再添和一定比例的瓷(瓦)灰、纸浆、麻丝、糯米浆、白芨或蒿子水以及蛋清和配而成。北方则以膏泥为主，佐以苇秆、秸片、麻片、榆树皮筋、白芨、蛋清，也有加白椒粉的。这样配制出来的塑泥，湿时绵韧力强，粘连性好，风干后坚硬如石；质地非常细腻，便于塑工拉、旋、捏、粘、剔。待塑制好的名种花卉纹饰和各具形态的人物、动物处于半干半湿状态时，还要在其表面用矿物颜料或植物颜料描饰彩绘，使颜料渗透堆塑的表面层，日后显现特别经久、鲜活的色彩。这样制作的堆塑，可经数百年不开裂、不驳落、不变形、

不褪色(见图 7-10)。

(a)黔城芙蓉楼门坊泥塑

(b)双峰刘家祠堂泥塑

图 7-10   建筑泥塑

2. 古建筑雕刻的工艺手法

古代建筑的营造文献中早就有关于建筑雕刻工艺的专门记载。北宋李诫的《营造法式》中说,石雕(又叫石作),共分为四种,即剔地起突(高浮雕)、减地隐起(浅浮雕)、减地平钑(平面阴刻)和素平(平面细琢)。数千年来,我国无数的能工巧匠,在长期的建筑雕刻实践中,口传手授,对中国古代建筑雕刻的工艺手法有科学的总结和归纳,大致可分为以下几种。

① 圆雕:这种工艺是由雕刻对象、装饰用途、装饰的部位决定的,其施雕的手法和程序也有所不同。一般说来,先雕凿出坯子,再根据其体量,将被雕刻物以外的多余部分全部凿去,然后在四周施以精细雕刻的一种完全立体的雕刻手法。作品从四面都可以观赏。

② 浮雕:是在被雕刻物的平面上,雕凿出凸起的形象(古代叫"凿活")。依凿刀雕刻的深度和表面凸出的高度不同,可分为高浮雕、浅浮雕、减地剔雕等。其雕刻的方法是,先在被刻物上打好画稿(这道工序古时叫"描谱子"),再用刀、凿或錾子将画稿图案的线条凿出线沟(这道工艺叫"穿"),然后将线沟以外的錾凿掉,留下凸现的纹饰,之后在纹饰上又分出多个层次来,使其具有非常明显的立体感。所分层次越多,其雕刻难度越大,立体效果也就越好。

高浮雕:在浮雕方法的基础上,进一步向深层次雕刻,往往是在被雕刻物上画一层,就雕刻一层,随铲随雕,使其呈现出丰富的层次。有的建筑木雕竟达六七个层次之多,立体效果非常明显,已接近圆雕效果了。此类雕刻手法,要求从艺者不仅要有雕刻的能力还需要有绘画的能力,否则难以完成。

浅浮雕:浮雕方法的一种,雕刻的层次比高浮雕少,一般只有一两层,难度亦相对较小。从事建筑雕刻者,多从此学起。

③ 透雕:是介于圆雕和浮雕之间的一种雕刻方法(古代叫"透活"),是在浮雕的基础上,将雕刻物地子部分继续深刻,直至镂空。这种工艺手法能达到虚实相间、玲

珑剔透的效果。其雕刻技艺比浮雕要求更高,难度更大。

④ 减地阳刻:是由浅浮雕派生出来的一种雕刻方法。它是将要雕刻的纹饰以外的地子薄薄地削减一层,使纹饰稍为凸现于减去地子的面上,并用阳刻法雕刻纹饰,局部层次则以细小的阴刻法加以烘托,形成反差。尤能显示功力的精湛,微凸的纹饰往往有浮起之感,层次又分远近,效果极佳,难度颇大。此类手法多见于木作。

⑤ 阴刻:以刻线为主,又叫线刻。大都是以一把凿刀或錾刀完成所刻的全部画面,这样线条就显得整齐规矩、精细均匀。其基本的技艺,又可分为单刀、回刀、双刀、排刀、划刀、点刀、颤刀、顺刀、逆刀等。在这些刀法的基础上,再根据画面表现的需要,灵活运用刀凿的中锋和偏锋,并适当把握刀凿力度的大小、速度的快、慢,运刀的顿、挫,方向的左右、上下。一刀刻(錾)后,使之刀錾痕迹有毛有光,有粗有细,形成适宜于题材内容表现的纹饰线条,组合成多种多样、富有变化的画面。

以上各种雕刻的方法都适宜于木雕、石雕和砖雕,工艺、手法大致相同。

泥塑的做法,和木雕、石雕、砖雕相反。雕刻是在平面上减地雕凿,泥塑则是在平面上堆泥而塑。不过,就其具体的造型工艺手法而言,又是相通相借的。

3. 古建筑雕刻装饰的部位

依附于古建筑构件的雕刻与雕塑工艺,一方面要根据雕刻与雕塑的材料特征、工艺特征和人们的审美习惯来实施,另一方面要遵循建筑构架的力学原则和构件的功能用途以及造型规律来实施。因此,对不同功能和用途的建筑,不同的建筑部位,应采用不同的雕刻材料和工艺手法来加以装饰。

① 石雕:中国古代建筑主要是木构的,用石材做梁柱的不多,石制构件及石雕装饰多用于建筑的台基、踏步、栏干、影壁、门墩、柱础等处。台基在高等级的建筑中,多为石质,并雕刻成有纹饰的须弥座(须弥座其名源于佛教,"须弥"是佛教所谓的一座大山须弥山,上有众多佛与菩萨。将其作为建筑物的台基,寓意千秋稳固)。须弥座的装饰重点在上枭、下枭和束腰部位(见图 7-11)。基座上设石栏杆,石栏杆的基本做法是在宋代定型的,其雕刻装饰主要集中在望柱、栏板、云栱、抱鼓石等部位(见图7-12)。栏杆下有石雕吐水的螭首。不过在园林建筑和民间建筑中,石栏杆的造型形式变化更多,且未受到官方限制。

柱础是建筑石雕的重点部位,历代都比较讲究,有莲瓣、螭龙等各种纹饰,工艺要求精细。但也有素平"鼓镜"式的。民间建筑的花样和制式尤为灵活多样。

重要建筑中的柱,也有用通体石雕的,整根柱雕蟠龙的多见于孔庙、文庙,如山东曲阜孔庙、湖南宁远文庙等(见图 7-13)。

大门前的抱鼓石,又叫门墩,也是石雕艺术的重点,其主体造型如鼓,再在其上加以雕刻,有的只是简单的线刻。其讲究的是在上面做出高浮雕的龙、狮等动物。

高等级建筑前的踏步中,专门设有御路,又称"丹墀",即两边台阶踏步中间的斜坡道。其用材多为上好的石材,皇宫用汉白玉,上面雕刻龙、凤、云、水等图案。

大型建筑前石雕小品的种类很多,大至宫殿、陵墓前艺术性、象征性很强的华表,

图 7-11　须弥座(北京天坛)

图 7-12　栏杆抱鼓石(北京故宫)

小至雕琢成金钱状的渗水漏井盖,至于石台、石灯、石鼎、石狮、石兽等小品,更有独到的艺术处理,并按所处位置和环境的要求加以变化,没有成规。

民间建筑中门楼、门罩、门额、窗罩等,因其位置显要,往往是主人身份地位的象征,因而成为建筑雕刻装饰的重点部位。这些部位的装饰多以砖、石雕刻相结合,也有全部用石雕的。还有用石雕窗的,既能通景,又能透光透气;既可防盗,又不失装饰意趣。

图 7-13　山东曲阜孔庙龙柱

还有一类专门用于陵墓建筑的石像生,即石人石兽。有文臣武将、石狮、石马、石虎,作为陵墓主人的护卫,立于神道两侧。石像生的数量和陈放的顺序,每个朝代都有专门的规定,制度严格,不一而同。至于石拱桥及佛教寺庙中的石塔、石幢等有专门用途的特有建筑类型,在此不赘述。

② 木雕:大体上分为大木作装饰和小木作装饰两类。

大木作装饰,是对建筑中主要的大构件进行艺术加工。其传统的做法主要有两种。一种叫卷杀,即将柱、梁、枋、斗拱、椽子等构件的端部砍、削、刨、磨成弧形的曲线或圆润的折线,使构件的外形显得丰满柔和。宋代至元明时代,在重要的建筑中,每种木构件的卷杀都有一定的规矩制度。清代的官式建筑更加重视建筑的总体艺术效果,并在各方面都有所改变。另一种是将木构件端部做出各种样式,如将梁、枋的端头雕制成挑尖梁头、蚂蚱头、卷云状(又称"麻叶头")等,拱端则做成菊花头、三岔头、三幅云等形状。民间的建筑中,雕制的花样主要有花果、龙、凤等形状。

梁、枋是建筑木雕装饰的重点部位。古建筑的梁很多情况下做成微微向上拱起的形状,称为"月梁"(江南民间称为"冬瓜梁")。枋,其中最重要也是建筑上最显眼位置的额枋,是木雕装饰的重点;额枋表面常被做成向外凸起的弧形表面,称为"琴面"。梁和枋的两端和中间都可做雕刻装饰,雕刻的手法和图案式样各地方有不同的特点(见图7-14)。但中国古建筑的木柱上一般是不做雕刻装饰的。

小木作装饰,是对门、窗、栏杆、藻井、天花、挂落、花牙子等,以及室内分隔构件用雕刻手法做出艺术处理。

我国古建筑的门主要有板门和格扇门两种。板门表面不做任何木雕装饰,只是装有铺首(门环)、门钉、穿带、角叶等金属构件。这既有加固作用,又起到了装饰的作用(见图7-15)。另外,在板门上常绘有门神,这也是一种装饰手法。

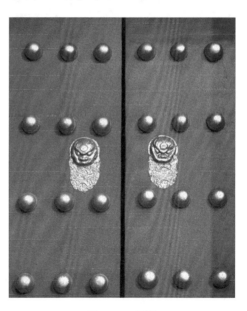

图 7-14　梁架装饰(江西汪口俞氏宗祠)　　　　图 7-15　板门

格扇门以及与其同类的格扇窗,是艺术装饰的重点。格扇门装饰的主要部位是花心(花格、棂子)、裙板和绦环板。官式建筑的棂格多用正交的直棂、方格和斜交、圆棂组合成为菱花,裙板和绦环板上雕龙纹或植物花纹。民间建筑多用直棂、方格、灯笼框、步步锦、冰裂纹以及曲棂等;裙板多雕如意纹、海棠纹等。更有巧变者,以花果、瑞兽作为棂格的榫卯连接。在绦环板上,民间多用祥瑞动物或人物故事内容做装饰,甚至将其做成高浮雕,非常生动(见图7-16)。

梁、枋下常设雕刻工艺复杂的雀替、楣子、挂落、花牙子;楼阁建筑廊柱下部配以木栏杆,栏杆又有花栏杆、坐凳栏杆、靠背栏杆(美人靠)等形式,都是常做木雕装饰的部位。

天花、藻井的雕刻多在格框龙骨转折交错的部位。有的藻井层层往上收,用斗拱、天宫楼阁做装饰;重要建筑中的藻井中心做龙凤等装饰,或做成高浮雕甚至圆雕,并饰金绘彩,富丽堂皇(见图 7-17)。

图 7-16　格扇门(洪江古镇民居格扇门)

图 7-17　宫殿藻井(故宫养心殿藻井)

室内分隔的构件主要有碧纱橱、罩、博古架、板壁门洞等。罩是一种半分隔式构件,有几腿罩、正罩、栏杆罩、圆光罩、花罩等多种样式。此外,还有龛、橱、帐等小木作。清代还流行一种叫"仙楼"的,其做法是在室内架设小楼阁,雕饰精致,布局奇妙,有如大型建筑的小样一般。

至于匾额、抱柱、对联的雕刻,属于小木作中需要精工之列。匾额有两类,一类为殿堂店号,另一类则为富有情趣的斋款诗文。前者形制规矩,多为长方形,匾周设雕饰的带板,构成立体边框。后者形式自由活泼,有册页形、桃子形、秋叶形、书卷形、碑碣形等,多见于园林或文人居所及书斋。抱柱对联,多用厚长木板相缝,凿成里凹外拱的弧形曲面,紧贴屋柱。民居和园林中木雕楹联的形状还有蕉叶形、竹节形以及雕花联等。匾额、抱柱、对联之类的雕刻,不仅丰富了建筑艺术,其富有人文气息的诗文,还深化了建筑艺术的文化内涵。

③ 砖雕:砖雕装饰的部位,多为建筑的正面,尤以门额之上以及左右两侧侧墙的装饰最为多见。尤其南方地区的寺庙、府第、祠堂等建筑常在檐口底下、门楣上做大

量砖雕。有的地方喜欢在墙上的门洞、窗洞上方贴着墙面做出一个很大的门楣或窗楣,类似于一个屋顶,此部位也多做砖雕。门额上的砖雕常与石雕、木雕相组合搭配,把门额装饰得富丽堂皇,以显示主人的身份地位。

砖制照壁也是做砖雕较多的地方,一般位于照壁檐下、墙裙、墙角,比较讲究的在照壁正中和四角都做砖雕装饰。其他墙面装饰做砖雕,多位于建筑物外墙檐下和天井走廊周侧的墙壁。这样做的好处,在于打破通体墙面的平面呆板,使檐下和墙面富有装饰美感。此外,还有一类砖雕,用于砖塔的座基,或雕成须弥座状、莲花形,也有雕刻成连理枝、缠枝花纹的(南北朝以前多为模印花纹)。这类砖雕,还多见于墓室墙面,即所谓"画像砖"。

④ 泥塑:泥塑装饰的部位常见于建筑屋脊、翘角,以及垂脊端头。大型建筑的屋脊翘角一般用琉璃构件;小型建筑、民间建筑就常用泥塑。歇山屋顶的垂脊端头一般要做座兽,大型建筑一般用琉璃制品,小型的在民间也常用泥塑;有的地方甚至直接做成人物形象,仿佛人直接站在屋顶上。南方地区的封火山墙上最爱做泥塑,因封火山墙是建筑造型的重点,所以也是装饰的重点。像祠堂、会馆、大户人家的宅第等,其山墙端头、上部的墙面往往被泥塑装饰得琳琅满目。

南方地区很多寺庙、祠堂等建筑的大门做成贴墙的牌楼门的式样,这种牌楼门的正面墙上也常做泥塑装饰。这类泥塑的幅面较大,常做出山水风景、亭台楼阁等大幅画面,具有很强的艺术性。

4. 雕刻装饰的题材和内容

用于建筑雕刻装饰的题材,十分丰富广泛。大致包括花草鱼虫、飞禽走兽、田园山水、历史典故、神话传说、宗教礼仪、才子佳人、神明仙客等几大类。

花草鱼虫:松、竹、梅、兰、菊、荷叶、莲花、牡丹、灵芝及各类瓜果、缠枝花卉、草蔓、双鱼、四鱼、金鱼、蝴蝶。

飞禽走兽:凤凰、喜鹊、锦鸡、鹦鹉、仙鹤、鸳鸯、鹭鸶、燕子、龙、狮、虎、马、牛、羊、麒麟、鹿、龟。

田园山水:乡村四时美景、江河、山水、帆船、亭台、楼阁。

历史典故:各类富有人生教育意义尤其是涉及忠、孝、廉、节、仁、义、礼、智等伦理道德题材的典故。如孟母择邻、岳母刺字、怀素书蕉、二十四孝图以及东周列国志、隋唐演义、三国演义、水浒传中的人物故事。

人伦礼仪与生活情趣:福、禄、寿、禧、渔、樵、耕、读、琴、棋、书、画和文房清供等。

才子佳人:各类话本小说、戏曲中的才子佳人故事,如《西厢记》《白蛇传》以及反映市井生活的故事和场景。

神话神明与宗教教化:八仙,暗八仙,八宝法器,上天诸神,菩萨,佛像及佛教中的本生故事,道家羽化仙人,玉帝,关帝,财神,门神,地域宗教中的吞口、傩戏场景等。

由此可知,中国古代的建筑雕刻,可谓无所不雕,无所不能雕。几乎囊括了中国古代造型艺术的所有对象。概括地看,是以传统伦理教化为重点,以反映期盼祥和美好的幸福生活的愿望,以及热爱家园、热爱生活、热爱自然的浪漫情怀为主要内容的。

另外,设计古建筑的装饰题材要注意和建筑本身的性质相关联、相协调,这一点古人是非常讲究的。例如,寺庙建筑中装饰的往往是宗教故事的题材;住宅府第装饰的是有着祥瑞气息的奇珍异兽、神仙人物;戏台上装饰的都是历史掌故、戏曲故事的场景。人们在欣赏建筑的同时可以了解主人的思想观念和审美情趣。

7.3　彩画和壁画装饰

彩画和壁画是两种不同类型的装饰艺术。彩画是配合油漆在建筑木构件上的重要部位描绘彩色图案的装饰方法;壁画是指用墨和色彩直接描绘在墙壁上的画面。壁画和彩画的区别表现在几个方面。① 装饰的部位不同,彩画装饰在建筑木构件梁、枋、斗拱、天花、藻井等处;壁画则是画在墙壁上。② 画面内容不同,彩画有统一的、固定的图案、式样,用程式化的几何图案进行装饰;壁画则无任何规矩,画面内容任意选择。除了苏式彩画中的"包袱"以外,彩画中一般不采用人物故事和山水风景的画面;壁画则以大量人物故事和风景为内容,有时甚至整面墙壁就是一幅画面。③ 材料、性质不同,彩画必须和油漆配合一起做,其本来目的就是保护木构,使用的颜料也是油性的,和油漆有同样的作用;壁画直接画在粉墙上,在少数情况下也画在木板墙上,使用的材料就是墨汁、矿物颜料、植物颜料,没有保护木构的作用。

1. 中国古代建筑的彩画装饰及其特征

在高大雄伟的建筑物的适当部位上,施以鲜艳亮丽的色彩,使建筑显得富丽豪华,这是中国古代建筑的重要特征之一,也是中国古代建筑艺术中有特色的成就之一。彩画的肇始源头,并非是为了建筑的装饰,而是为了建筑的保护。为防止建筑的木质结构被虫蛀,或为防止日晒雨淋所带来的风化腐烂的实际需要,人们将矿物质中的丹砂以及植物质中的桐油或大漆,涂敷于木结构上。随着人们审美意识的觉醒,这种实用工艺和美化生活的需求结合到了一起,又经过色彩的筛选、油漆的提炼、工艺水平的提高,使两者实现和谐统一。这样,建筑的彩画艺术就产生了,并成为世界建筑装饰艺术中特有的一个门类。有关彩画的装饰功用和特征,中国建筑史研究领域的著名学者林徽因有过极为生动准确的叙述:"在建筑物外部涂饰了丹、朱、赭、黑等色的檐柱的上部,横的结构如阑额枋檩上,以及斗拱椽头等主要位置在瓦檐下的部分,画上彩色的装饰图案,巧妙地使建筑物增加了色彩丰富的感觉,和黄、丹或白垩刷粉的墙面,白色的石基、台阶以及栏楯等物起着互相衬托的作用;又如彩画多以靛青翠绿的图案为主,用贴金的线纹,彩色互间的花朵点缀其间,使建筑物受光面最大的豪华的丹朱或严肃的深赭等,得到掩映;在不直接受光的檐下的青、绿、金的调节和装饰;再如在大建筑的整体以内,和它的附属建筑物之间,也利用色彩构成红绿相间或是金朱交错的效果(如朱栏碧柱、碧瓦丹楹或朱门金钉之类),使整个建筑组群看起来辉煌闪烁,借此形成更优美的风格,唤起活泼明朗的韵律感。特别是这种多色的建筑体形和优美的自然景物相结合的时候,就更加显示了建筑物美丽如画的优点,而这种优点,是和彩画装饰的作用分不开的。"

　　在我国,运用彩画来装饰建筑的历史极为悠久。据文献所载,远在殷周时期的建筑就有了涂色绘画。而"丹桓宫之楹,而刻其桷"讲的是春秋时鲁国建筑物的情形。臧文仲"山节藻梲"之说,讲的就是华美建筑在房屋构件上的装饰彩画。《西京杂记》曾描述了秦汉建筑的"华榱璧珰""椽榱皆绘龙蛇萦绕其间""柱壁皆画云气花蘤,山灵水怪"。发展至唐宋,彩画运用已形成了一定的制度和规格。北宋李诫《营造法式》中已有详细的规制。明清时期完全被程式化,并确定为建筑等级划分的标志。

　　2. 彩画与壁画的类型及装饰的部位

　　明清以后,彩画被制度化,重要建筑上施绘彩画的等级和类型确定。主要为和玺彩画、旋子彩画和苏式彩画三大类。和玺彩画是最高等级的彩画,只能用于皇家宫殿、坛庙的主要建筑上,别处不可用。旋子彩画等级次之,可以用在一般宫殿、衙署、寺庙等处。苏式彩画等级最低,一般用在园林、住宅中。

　　① 和玺彩画:和玺彩画的主要造型特点是箍头处用双折括号形衍眼,主要部位用龙装饰,枋心用行龙,衍眼用降龙,箍头盒子用坐龙,其他次要部位点缀以灵芝、西番莲等植物图案。主图部分图案以青、绿两色为主,龙图案用沥粉贴金(见图7-18)。

图7-18　和玺彩画

　　② 旋子彩画:旋子彩画的造型特点是箍头处用单折括号形衍眼,主要部位用旋转形菊花图案(旋子)装饰,旋子以一整二破(一朵整花和两个半边花)为构图基础,枋心中配以西番莲、牡丹等其他花卉,基本不用龙的图案。色调以青、绿两色为主,少量使用金色和其他颜色。按照用金色的多少和色彩层次,又可以分为金、琢、墨、石、碾

玉等七个等级(见图 7-19)。

图 7-19　旋子彩画

③ 苏式彩画:苏式彩画与和玺彩画、旋子彩画不同,它没有严格的程式。其最主要的特点是,两头用各种图案装饰,而在最主要的枋心部位有一幅较大的画面,叫"包袱"。包袱的外轮廓可以是菱形、扇形、树叶形等各种不同形状,而包袱的内容则是一幅完整的图画,或山水风景、或人物故事、或花卉鸟兽等。总之,包袱必须是一幅可以独立欣赏的图画,人们游赏园林时,观看建筑梁、枋上的图画也是游赏的内容之一。例如,北京颐和园沿万寿山前绕行的长廊,200 多个开间全用苏式彩画,每个开间中四个方向的梁、枋上各式各样的包袱令游人目不暇接(见图 7-20)。

以上三种彩画是古建筑彩画中最常见的,主要是装饰在建筑重要的构件梁和枋上,在古建筑的其他部位如由额垫板、平板枋、斗拱、拱垫板、雀替、天花、藻井、椽子上的彩画,都有着相对固定的图案、色彩和做法。

另外,在南方一些民间建筑如民居、祠堂中,也有彩画装饰。但是这些民间的彩画就完全不受官式建筑彩画的等级规制约束,题材内容和表现手法都与官式彩画完全不同,除不敢做龙凤图案外,完全随意(见图 7-21)。

在做古建筑的装饰设计的时候,彩画和雕刻一般不宜同时并用。雕刻主要表现立体效果和刀功技艺,彩画以色彩的鲜亮、对比、互补等作用来取得美的效果。

壁画画在大面积的墙壁上,一般是大幅的自然山水和人物故事绘画作品。相对于建筑彩画而言,建筑壁画的类型和制度要灵活得多,题材与内容也更为广泛和丰富。壁画色彩运用几乎没有什么限制,所以,壁画的表现形式和艺术手法丰富多姿,

图 7-20　苏式彩画

图 7-21　南方民间彩画

应有尽有。

　　壁画主要分为两种,地下墓葬里的壁画和地上建筑物上的壁画。汉武帝曾画诸神像于甘泉宫,宣帝画功臣之像于麒麟阁,这都是历史文献中记载的有名的壁画。东汉以降,魏晋至唐宋,佛道两教盛行,寺观中大都绘有壁画。最负盛名的莫过于敦煌所存大量杰出的壁画。唐代著名画家吴道子就是以画壁画闻名于世的,他以生动地勾画人物的飘逸动态而著名,被誉为"吴带当风"。山西永乐宫保存下来的大幅元代壁画,总面积达 1 005.68 m^2,是目前国内最大的古代壁画。地下的墓葬壁画,从考古发掘的情况看,自汉至唐,都有墓葬壁画发现,尤以唐朝为最。从已被发掘的唐章怀太子墓和永泰公主墓来看,唐代墓葬壁画达到了很高的艺术水平。

　　用以装饰建筑的壁画,从形式到内容,又有两种情况。一种是以书法艺术为主体的,被称为"题壁诗书"。在中国的传统文化与艺术中,书法历来被看做一种高雅的独立的艺术门类,特有的艺术形式,又因书画同源,故题壁诗书自然也就纳入到了建筑装饰壁画的范畴。另一种就是纯粹的以壁当纸,饰彩作画。既有设色的,以淡素的米色、米黄色作底色,相当于油彩画的地仗,再在其上作画;也有不设色而直接在白墙上作画的。

　　壁画作为建筑的附属装饰,其装饰的部位一类是殿堂、厅堂的内墙或大门两侧的八字墙面,这种场合一般是大幅壁画,内容也多是人物众多的宏大场面。例如,山西芮城永乐宫壁画中的道教三百六十值日神,山东泰安东岳庙大殿中的东岳大帝启跸回銮图中描绘的东岳大帝的出巡仪仗,天津广东会馆戏台侧墙上的著名戏班作场图等(见图7-22)。另一类是建筑屋檐下的横向带状装饰,这一类或者是以规则的图案花纹做横向条状装饰,或者是以很多小幅的画面横向排列组成一个装饰带(见图7-23)。

图 7-22　永乐宫壁画

图 7-23　檐下装饰壁画

　　有些古建筑在走廊、天井四周的墙上也用壁画来做装饰。这大抵与主人或当地的文化时尚有关。另有一类情况，在湖南、湖北、江西、广西最为多见，就是祠堂宗庙戏台的后挡板上，多绘有巨幅壁画，题材内容多为福禄寿星或戏神、喜神，也有绘以山水和其他寓意吉祥图案的。

　　此外，还有一种特殊的建筑装饰形式影壁，又叫"影画""影（隐）塑"。其做法是在屋檐下部的墙体上，凿砌出凹形带边框的长方形、书卷形或其他形状的平整地仗，先在其上绘以山水楼阁或花草，然后将其中的部分画面线条或图案用泥料加以凸塑，之后饰彩，或者以绘饰的图纹为背景，再在其上用泥料塑出凸出的人物或动物。使画面介乎平面与立体之间。似画非画，似塑非塑，其装饰效果也非常醒目。

　　3. 彩画和壁画的常用题材和内容

　　中国的建筑装饰彩画，主要用于皇家宫殿等重要建筑和园林建筑。因其极为严格的等级制度而程式化，这使得彩画装饰的题材和内容乃至工艺流程都比较固定，在装饰任何梁、枋时，便于保持相对稳定，也便于施工，并使徒工易于掌握技术。这种程式虽然允许部分细节花纹在一定范围内做出相应的变化，但这种过于严谨的标准化构图难免扼杀从艺者的创造力，彩画的题材和内容也就缺少了变化创新。总体上说，彩画的题材内容可分为体现皇权尊贵、宗教信仰、祈福纳吉三类。

　　体现皇权尊贵的龙凤纹，是彩画题材中的重要内容。相之以辅的，有合云环寿纹、江崖纹、麒麟纹、灵芝纹、桃子纹、涡云纹等,寓意皇权江山永固,皇帝万寿无疆。

由于佛道文化与艺术的旷久影响,这类题材和内容在彩画中占了很大的比例。主要有须弥座纹、法轮纹、八宝纹、西番莲纹、卷草纹、缠枝花卉纹、莲叶纹、佛手纹、梵语箴言纹、红莲献佛纹、金刚宝杵纹、三环珠宝纹、金尊献莲纹等。

祈福纳吉是人类的普遍心理,帝王也不例外,在彩画中有不少这类题材。如意纹、吉祥草纹、柿子纹、牡丹纹、富贵白头纹、杨柳争春纹、连年有余(鱼)纹、蝠蝠纹、菊花纹、栀子纹等。

此外,青铜宝鼎、秦汉瓦当、古钱币、犀牛、金鱼等也有入画的。

值得一提的是,在彩画的辅配类纹饰内容中,有不少几何图案式的绫锦绣纹。这类图案的组合,相对较为有规律而又不失灵活,有的几乎就是绫锦纹的再现。我国很早就有以绫锦为饰的做法。史书记载秦始皇咸阳宫"木衣绨绣,土被朱紫"。《汉书·贾谊传》载,"美者黼绣是古天子之服,今富人大贾嘉会召客者以被墙。"以绫锦"披墙"为饰,继而成为彩画专有的纹饰,反映出传统纺织工艺对建筑彩画颇为深远的影响,同时,这类纹饰也包含有礼制秩序的文化含义。

建筑壁画因壁画装饰的对象不同,其题材和内容有着天壤之别。就是同属壁画的墓葬壁画与建筑物上的壁画,内容也是大相径庭的。墓葬壁画的内容,主要是为身处冥界的主人服务的,因此大多为墓主生前的生活场景与事件,也有反映墓主所处时代的风土人情的,还有描绘生肖、神怪的,也有表达墓主企望升天意愿的。但总体说来,壁画内容都与墓主的生活、思想意识有着直接或间接关联。所以,墓葬壁画,是研究墓主所处时代的政治、经济、军事、地域风俗、宗教信仰、等级制度及思想文化的重要图像物证资料。而用于建筑装饰的壁画,其题材和内容极为广泛,涉及中国历史社会的各个时期和文化构成的各个领域。既有现实生活的写照,又有诗情画意的再现。花鸟鱼虫、山水楼阁、天上人间、小说戏剧、历史典故、神话传说、宗教礼仪、才子佳人,无所不涉,极尽书绘之能事。在艺术表现方法上,现实主义和浪漫主义并举。现实生活永远是壁画艺术取之不尽的源泉。建筑壁画中许多优秀的书画之作,饱含浓郁的生活气息,壁画内容所反映的场景(如渔樵耕读)大都直接取材于绘饰者日常生活的场景,同时,艺人们对现实生活又赋予更为美好的希冀,极力将乐观热情的生活信念和追求幸福生活的迫切愿望加以发掘、提炼和升华,体现在壁画中,使其源于生活又高于生活。这也是中国建筑装饰壁画艺术得以长盛不衰的艺术魅力之所在。

7.4　古建筑装饰的地域和民族特点

地域差异是我国古建筑及其装饰艺术形成个性特征的潜在因素和源头。不同的地域,不同的民族,不同的历史背景,有着不同的习俗、文化和经济环境。不同的自然条件和社会条件使人们产生出不同的语言、不同的宗教信仰、不同的道德意识、不同的思维方式和不同的审美趣味。这些不同时空环境下所产生的文化意识,都在建筑与建筑装饰上得以体现。一个地方所特有的建筑和装饰材料的出产,形成了地域建筑和装饰用材的特点。又正是这种特点的物质属性,决定着地域建筑装饰的工艺手法、题材内容上的地域文化与审美的意识属性,从而形成地域建筑装饰的材质、形式、风格、工艺、文化与审美的综合特性。这是我们在从事古建筑设计时,不可忽略的一个重要方面。

1. 装饰用材的地域特点

古代建筑的装饰材料,大都源于自然的物产。而自然物产又是有其明显的地域性的。建筑装饰的主要材料,诸如木料、石料、砖瓦陶瓷、生漆(又叫"大漆")、矿物质与植物质颜料等,其出产的量和所产出的质,有着很大的地域差别。在古代,由于交通运输的不便,像油漆颜料这类使用量不是太大的物产可以跨地区运输,在全国范围内使用。而像木材、石材这类笨重而又使用量大的材料,就不是所有的地方、所有的人都能享受的了,只有皇帝才可以用。例如,北京故宫在明朝初建时,全部建筑中的大木作用材均为楠木,全部来源于湖南、贵州、云南、广西四省,"别省概不征用";作为装饰殿堂地面所用的"金砖"(一种质量很高、体量尺寸很大的陶质青砖),全部来自苏州;制瓦所用陶土材料全部取自安徽的太平;御道、台基、石阶、栏楯、华表所用汉白玉来自河北曲阳;彩画颜料中的靛蓝、辰砂、桐油、松烟、生漆均由湖南、贵州征调。除了皇帝以外,其他人要享用这些材料就比较困难了。因此,中国古代建筑大部分情况下都是就地取材,当地出产什么材料就用什么材料。建筑结构材料,即使同是木材、石材,各地所用的也不相同。而建筑装饰材料就更具有地域特点了。例如,广东石湾出建筑陶瓷,于是广州及其周边地区自古就喜爱用陶瓷来装饰建筑,这成为当地古建筑装饰的一大特征。又如福建闽南地区出产一种灰绿石,石质细腻,利于雕刻,泉州、晋江等地的建筑上大量地使用这种灰绿石作为装饰,成为闽南式建筑的明显特征。

2. 装饰手法的地域特点和民族特点

装饰手法是受文化与审美意识所支配的。不同地域的自然环境和不同的社会历史文化背景下产生的不同的思维方式和生活方式,使人形成不同的文化与审美意识。这种差异,既是地域性的,也是民族性的。因此,就建筑装饰手法的特点而言,就是由地域的、民族的文化与审美意识的差异形成地域特点与民族个性。例如,北方地区,气候寒冷干燥,风雪大,形成了雄浑稳健的建筑风格;南方地区,气候温暖而湿润,形成了轻巧通透的建筑风格。因而在建筑装饰上,南北两地有着不同的艺术风格和手法。北方建筑装饰工艺中的雕刻手法,从木雕、石雕到砖雕,相对比较粗犷,刀法简约有力,纹饰图案多具对称性,其追求与建筑整体风格一致的装饰艺术效果。而南方地区的建筑装饰手法则特别注重雕刻工艺,同样是木雕、石雕、砖雕,但工艺上注重细部的精雕细镂,呈现出精工细作、纤美精巧的风格特征。造型与图案的式样,不求对称而丰富多变。

除了不同地域的特点之外,不同民族的建筑形式更是丰富多彩。其装饰艺术手法虽数不胜数,但有一点却是相同的,即它们都是特定的自然地理条件和民族文化长期的历史积淀的结果。

装饰手法的地域特点还和各地所采用的不同的建筑材料、装饰材料的不同特性有关。这些不同的材料有的硬,有的软;有的细腻,有的粗糙,有着不同的纹理等,这些都决定了其不同的加工制作方法。

3. 装饰题材内容的地域特点和民族特点

反映于古代建筑装饰艺术中的题材与内容不胜枚举。但如果我们将这些古代艺人以各种艺术形式所表现出的内容和题材加以总结和归纳,民族的共性与个性以及地域上的特点就不言而喻了。中国各民族经历了数千年的大融合,都普遍受到儒家正统文化以及佛教、道教文化的熏陶。因此,那些以雕刻、堆塑、彩绘等艺术手段装饰于建筑之上的,以重德敬祖、敬畏神明、敬亲睦邻、热爱家邦为主流的传统题材与内容,所反映和表达的是中华民族优秀的文化共性意识,也是建筑装饰题材内容的共性。而不同地域和不同民族的宗教信仰、风俗习惯、生活方式等都是造成建筑装饰的不同题材内容的原因。例如,由于宗教信仰的缘故,回族等西北少数民族在建筑装饰上就不用人物和动物形象的图案,而只用植物花纹和几何图案。因地理气候和生活方式的缘故,广东的岭南建筑喜欢用菠萝、香蕉等南国瓜果图案做艺术装饰。福建沿海以渔业为基本生产生活方式,其建筑装饰中就常出现出海拜仙、妈祖显圣、泛海捕鱼、鱼贩行市、渔翁乐、蟹篓虾趣……如此等等,不一而足。正是这些地域的、民族的差异,使得我国建筑装饰艺术呈现了姹紫嫣红、百花纷呈的局面。

在做古建筑设计的时候,地域特点和民族特点是装饰艺术设计的丰富源泉。要注意从历史上地域的、民族的建筑艺术中去吸取营养。在注意到古建筑的各种制度、规矩的同时,还要注意到不同地域、不同民族的特色。

8 古建筑的环境设计

8.1 古建筑的室内环境设计

8.1.1 发展概述

中国古代建筑一般以柱网框架体系承重,内部空间可以根据需要灵活分隔。古代室内使用各种隔断,创造出开放、私密等不同空间,以满足不同的生活需求。古代室内环境设计与生活起居方式息息相关。随着时代的发展,起居方式发生变化,室内陈设、家具、装修等也随之改变,形成不同时代风格、不同特色的室内环境。

六朝以前,人们常席地而坐,日常起居、寝息于荐席床榻之上。室内家具低矮、小巧,种类也少,室内空间的划分以装饰性的帐幔等织物为主(见图 8-1)。席是最早、最原始的家具。在浙江余姚河姆渡的干栏建筑遗址中,就已发现了芦席残片。《周礼·春官·司几筵》记载了当时贵族日常所用的 5 种席。《诗·小雅·斯干》记载:"下莞上簟,乃安斯寝。"《礼记·内则》中说:"敛枕簟,洒扫室堂及庭,布席。""布席"之"席"为坐席;"簟"只为睡卧之用,铺在席上,早晨要把它卷起来。在周代,地面满铺筵席,筵席的尺寸也相对固定,因而成为度量室内空间的基本单位。《考工记》记载:"周人明堂,度九尺之筵,东西九筵,南北七筵,堂崇一筵,五室,凡室二筵。"商周时期,出现了用青铜制作的床、案、俎,以及放置酒器的禁等家具。

席地而坐时期,室内的家具、陈设很少,主要是几、案等低矮轻便的家具及帷幔等织物陈设。战国、秦汉以后,家具以床、榻为中心,布置帷帐、屏风等,在汉魏至南北朝

图 8-1 朝鲜高句丽东晋冬寿墓壁画(洪晴玉《关于冬寿墓的发现和研究》,《考古》1959(1))

的许多图像资料与考古材料中都有体现。汉代建筑堂前开敞,往往在楹柱之间的横楣上悬挂帷幔,帷幔分数段卷起,系帷的组绶末端垂下,作为装饰。汉魏至南北朝时的宫殿、官署的殿堂或住宅的厅堂中,均设置床榻为坐具。日常起居如会客、饮宴、读书、对弈等均在床榻上举行。讲究的殿堂上,则于室内设幄帐。幄帐是一种状若屋顶的帐,设于坐床之上,由帐竿、帐钩、帛等构成。从晋代开始,传统的跪坐礼仪观念逐渐淡薄,出现了箕踞、跌坐、斜坐等坐姿,随之出现了置于床榻上的凭几、隐囊等家具。南北朝时,受到西北游牧民族的起居习惯及佛教信仰传统的影响,垂足而坐渐渐流行,高形坐具如胡床、凳、筌蹄等相继出现。到唐代,椅凳已不再罕见,还出现了高足的桌、案等家具。

五代以后,垂足而坐渐成主流,起居方式由低坐进入高坐时期,家具尺度普遍加大,种类丰富多样,外形也渐成熟(见图 8-2)。同时,室内空间也相应增高,大幅的壁画、屏障画开始盛行。随着桌、椅等高坐家具的出现,传统的独坐小榻逐渐为椅子所取代;床榻也渐渐由厅堂退入寝室,专供睡眠之用;附属于床的帐也退入内室,作为挡风尘、遮视线之用。与床榻配合使用的屏风也逐渐退化。落地式屏风则与桌椅一起,占据厅堂内的主要位置。宋代,日常起居不再以床为中心,而是完全进入了垂足高坐时期,且各种高形家具初步定型。南宋时,高形家具的品种与样式已相当完善。随着小木作技术的发展,精致的小木装修完全代替了早期的织物装饰,室内空间环境为之一变(见图 8-3)。宋代建筑室内使用截间板帐、截间格子等轻木隔断分隔。宫殿、寺观中的平棊、平闇中施以斗拱复杂的斗八藻井、小斗八藻井装饰。彻上明造的厅堂中

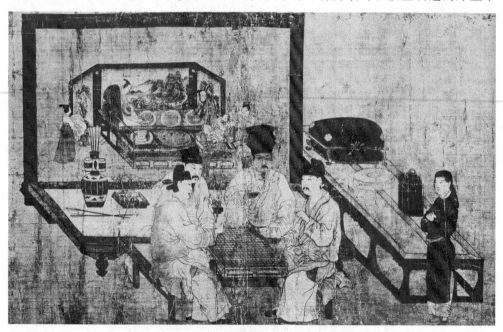

图 8-2　五代周文矩《重屏会棋图》

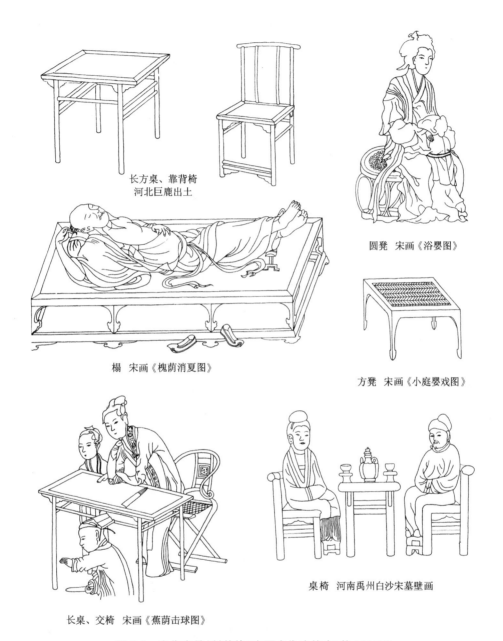

长方桌、靠背椅
河北巨鹿出土

榻 宋画《槐荫消夏图》

圆凳 宋画《浴婴图》

方凳 宋画《小庭婴戏图》

长桌、交椅 宋画《蕉荫击球图》

桌椅 河南禹州白沙宋墓壁画

图 8-3 宋代家具(刘敦桢《中国古代建筑史》第 191 页)

则不用天花,展示精美制作的梁架。宋代木建筑的柱梁、斗拱都绘制有富丽堂皇的彩画,以代替传统的丝织品装饰。宗教建筑中则设置精巧的佛道帐、牙脚帐、壁帐等小木装修,营造特有的室内气氛。从宋代开始,家具造型与结构中出现了模仿木构建筑的框架结构,代替了隋唐时期常见的箱形壶门式结构。桌面下开始使用来源于须弥座的束腰造型,由壶门发展而来的枭混曲线、马蹄形脚也得到普遍应用。

　　明代是细木家具与装修发展的鼎盛期。明代家具继承了宋代家具的优良传统，随着明代城乡经济的繁荣，海禁开放，大量硬木材自海外输入中国。明代至清前期的二三百年间，是中国家具的黄金时期。明式家具的特点是：用料考究、制作精良、榫接技术高超、比例尺度宜人、造型简洁优美、刚柔并济、装饰适当。明式家具多使用南洋热带地区出产的红木、楠木、紫檀、花梨、鸡翅木等木材，木纹细腻，表面光泽。建筑中的某些构件和构造形式，也被运用到家具中，如门、栏杆、曲梁、柱侧脚和各种榫卯。明代家具的制作水平很高，如使用断面为圆或椭圆形料代替方料，榫卯细致准确，造型注意适应人的使用，外观美观大方、简洁明快。

　　清代宫苑中的家具一般用"京做"，即北京的款式。京做家具吸取了古代铜器、画像石的纹样，还大量吸收"苏做""广做"等样式。明代硬木家具制作的中心在苏州，称"苏做"。清代苏做家具也泛指苏南一带生产的家具。苏做家具继承了明代家具的优良传统，造型洗练，线条流畅。清末，广州兴起成为硬木家具制作中心，称"广做"。广做家具多用南洋进口的红木、紫檀等制作，且多用粗料、大料。广式家具受西方洛可可风格艺术的影响，使用复杂的雕刻工艺，家具靠背、扶手等无不精雕细琢。广式家具还较多地使用镶嵌的技法，以螺钿、玉石、象牙等装饰，追求一种华贵雍容的气派。清代中、晚期以后，家具制作的工艺日趋精细，但雕饰堆砌，在风格上变得沉重、烦琐。

　　明清时期，家具与室内空间相适应，形成了成组成套的家具配置，出现了厅堂、卧室、书房等不同的家具组合(见图8-4)。厅堂以后檐墙或太师壁为背景，前置条案，案前设置方桌、对椅。北方住宅中，往往以炕为中心，炕上配置炕几、炕桌，炕下设脚踏，前面两侧设茶几、椅子或方凳、圆凳等。卧室中除架子床外，还有立柜、围屏、盆架等。书房中则设书案、书架、书橱、博古架等。为了使室内空间不陷于呆板，灵活多变

图8-4　北方清代住宅明间室内布置(刘敦桢《中国古代建筑史》第349页)

的小件陈设起了重要作用,常见的有香几、半月桌、套桌、挂屏、器皿、盆景等。在重要的殿堂中,家具多依明间中轴作对称布置,即成双或成套排置。但居室、书斋等则不拘一格,常随意处理。

清代宫苑之中,明间的厅堂布置左右对称,格局严整。次间、梢间则比较随意、自由。宫廷中的家具、陈设更讲究成组成套,即所谓的"一堂家具""一堂陈设"。重要殿堂的明间安设皇帝的宝座,一切布置以宝座为中心。宝座下为地平床,宝座近前设足踏,正前方设长案,两边有宫扇等陈设,背后设照背。地平床左右陈设香炉、铜鹤等。

明清时的室内陈设,品种多样,风格上也开始融汇南北与中西流派。墙壁上布置字画、挂屏、挂镜、贴络等陈设。字画装裱成中条、斗方、横批、合锦等形。住宅中的厅堂正面多悬挂中堂一幅,左右对联一副。园林中还有贴络于墙壁或纱槅上的大幅绘画、成篇诗文、博古图案等。清廷中还有西洋的通景画、线法画,场面宏大。在墙上还可悬挂镶嵌玉、贝、大理石的挂屏,或在桌、几、条案、地面上放置大理石屏、盆景、瓷器、古玩等。案几上的陈设有文玩、瓷器、铜器、玉器、座钟、盆栽等,地面上的陈设有书架、围屏、插屏、立镜、熏炉、自鸣钟等;顶棚上悬挂的灯具有什景灯、花篮灯、宫灯等,宫灯可以插烛或安装电灯。这些陈设可以灵活点缀,随意增减。

自宋代以来,风景园林建筑中挂匾题额,或题名,或抒意。匾联形状大多是矩形和条形的,有时也用手卷形、秋叶形、扇形、如意等式样。墙垣门洞上的门额、对联常用清水砖刻字。厅堂馆轩则多用木制,以红、黑、金色漆为底色,或者用竹制,常保持其天然质地。

古代还有在房屋构件上镶饰珠、玉、贝或包裹丝织物的传统。例如,汉长安未央宫昭阳舍,壁带上饰以金釭、玉璧、明珠、翠羽。汉魏南北朝时,宫殿椽头往往饰以金铜或玉石,所谓"华橑璧珰""绣栭玉题"。汉长安北阙甲第"木衣绨绵,土被朱紫";唐安乐公主造庄园,"衣以锦绣,画以丹青,饰以金银,莹以珠玉"。宋代以后,用锦绣装饰梁架的做法被彩画替代,但在图案上仍然模仿织物纹样,宋《营造法式》中的锦绣图案有方胜、柿蒂、玛瑙、琐纹等数十种。以锦绮等织物包裹建筑构件的做法只保留在藏式建筑中。

8.1.2　室内家具与陈设

家具、陈设是古建筑室内不可或缺的要素。家具可供日常起居、接待、休息、娱乐、宴饮之用,室内空间层次也要依靠家具、陈设来组织与表现。

1. 天花

汉代有平张于床榻上的承尘,以防止梁尘沾衣。承尘用木框架架于床榻上,与后世平棊的构造相似。室内顶部的装修,宋代称"平棊""平闇",清代称"天花",有防尘、保暖、改善室内空间等作用。天花的构造是在梁下用天花枋(宋称"平棊方")组成木框,框内放置小的木方格,形成骨架,其上再放置天花板。宋《营造法式》中的天花有"平闇"与"平棊"两种。平闇,用方椽构成小格子,板上不施彩画。唐佛光寺大殿、辽独乐寺观音阁天花即为平闇形式。平棊,以纵横木枋(支条)垂直搭交构成的大的正方、长方形状的天花。上有花纹,曰"贴络花纹",用木雕图案,再贴在板下。敦煌、云冈北朝石窟窟顶经常绘有这种平棊天花。后代多沿用这种大方格的平棊天花。

北方清式建筑中的天花分为井口天花、海墁天花两类。重要的建筑使用井口天花和藻井。井口天花用支条纵横相交如棋盘状,分成若干方块,称"井口"。井口覆以天花板。天花板中心部位称"圆光",绘以龙、凤、花卉等图案。圆光外为"方光"。四角名"岔角"。支条的十字交叉处饰莲瓣,俗称"辘轳",沿辘轳向四面支条上画燕尾形的云纹,称"燕尾"。北方民居室内的天花,多用木条、竹条、高粱杆等轻材料制成框架,钉在梁下,再糊上纸,称"海墁天花"。

中国南方的江苏、浙江、安徽、福建等地的住宅、园林、寺观、祠堂之中,还广泛使用一种被称为"轩"的室内顶棚装修(见图 8-5)。轩由弯曲的椽子、望砖或望板构成,可以遮蔽屋盖结构,改善室内空间。可以将进深大的厅堂分隔成前后两部分,称"鸳鸯厅",也可以将厅堂分成相等的四部分,称"满轩"。江南园林中轩的样式很多,有菱角轩、弓形轩、船篷轩、鹤颈轩、茶壶挡轩、人字轩等。轩椽髹以深栗色,望砖则磨光或刷白,室内空间简洁而雅致。

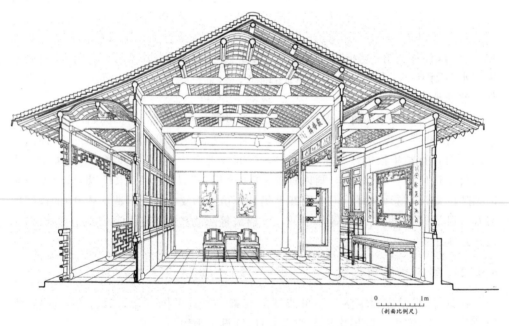

0   1m
(剖面比例尺)

图 8-5　苏州网师园殿春簃(潘谷西《江南理景艺术》)

2. 藻井

藻井是中国特有的建筑结构和装饰手法,古代建筑常在天花板中最显眼的位置设置一处方形、八边形或圆形的形如井口的凹陷部分,装修斗拱、描绘图案或雕刻花纹。藻井用在殿堂的天花正中,在帝王御座、神佛像座之上,以烘托庄重严肃的氛围。

汉代的藻井常以莲、藕等水藻装饰,以"镇火"。藻井的平面常用的有四边形和八边形,因形状像覆斗,故称"斗四""斗八"。直到南北朝时期,藻井的形式还是以斗四形式为主。宋《营造法式》中记载了斗八藻井、小斗八藻井两种。斗八藻井施于殿堂，小斗八藻井施副阶之内。斗八藻井由下而上分为三层。下为"方井"，其上为"八角井"，两井皆由斗拱围成；两井之间的4个直角等腰三角形，称"角蝉"。八角井之上，为"斗八"，形状略似一个八角形的拱顶帽子，由中心辐射的8根弯拱形"阳马""斗"成，阳马之间施"背版"，背版上贴络华文。宋、辽、金时流行斗八藻井，有的还在斗拱上设置一周象征仙佛居所的天宫楼阁，如山西应县金代建筑净土寺大殿内，就有复杂、华丽的藻井多处（见图8-6）。

宋代以后，藻井做法变化很多，如角蝉数目增多，形状变为星形，井口上做天宫楼阁。明代以后，藻井顶心用以象征天国的明镜开始增大，周围放置莲瓣，中心绘以云龙。清代多雕刻蟠龙，于是便称藻井为"龙井"。清代官式建筑中除了常见的四方转为八角再以圆形结束的龙井外，还有上、中、下三层皆为圆形的藻井，如北京天坛祈年殿、皇穹宇，河北承德普乐寺旭光阁等，藻井的形制与建筑的圆形空间浑然一体。明清时期，民间的会馆、祠堂的厅堂和戏台上常做成圆形藻井，用斗拱或卷棚形格条构成，形如倒扣的盆碗，江南一带俗称"覆盆""鸡窠顶"，闽南一带俗称"蜘蛛结网"。戏台上覆盆藻井还有声音反射及共鸣的作用。民间建筑中的藻井，有的还用华拱层层出挑，组成螺旋形。也有的用木枋搭成八角的覆斗状，再安装木板，上绘彩画，显得简洁而雅致。

3. 板壁、屏风

宋代室内固定的木隔断有板壁与屏风两种。《营造法式》称分隔室内空间的板壁为"截间板帐"。截间板帐上施额，下施地栿，两者之间装竖板，板缝之间用木压条；高大者可在中间加一条腰串。也可以在截间板帐中间加格子门，称为"截间格子"。安于殿堂明间后金柱间的固定屏风称为"照壁屏风"，用木框架制成，内外糊纸绢或字画。

明清时期，南方住宅的厅堂内的后金柱间往往做成木板壁，称"太师壁""寿屏"，两边靠墙处各开设小门。太师壁上悬挂字画，称"中堂"。也可绘制彩画，做出木雕团龙风，或做成精致的木龛。

屏风，古称"依""扆"，周代已有此物，但仅限于王室使用。秦汉以后，作为室内陈设的屏风开始普及（见图8-7）。屏风的样式，可大致分为座屏与围屏两类。座屏由底座与屏板组成，多呈"一"字形。围屏是具有多幅扇的屏风，陈设时，按需要布置成曲尺等形，呈围合之势。汉代文物中有的围屏呈"L"形。南北朝以后，以"冂"形的围屏最为常见。"冂"形左右对称，向心性、围合性很强，可与卧床、坐榻等组合，也可用来分隔室内空间；或者占据室内的主导位置，置于明间正中、床榻之后，起着凸显主人位置及标志、限定空间的作用。清代宫廷中，屏风还与宝座、藻井相结合，强化以宝座为中心的空间。

4. 碧纱橱

碧纱橱是北方住宅中安装在室内的隔扇，通常用于进深方向的柱间，起分隔室内

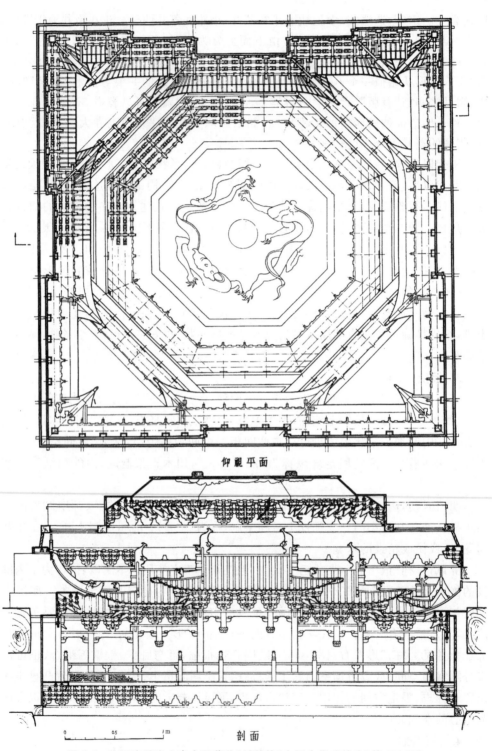

仰视平面

剖面

图 8-6 山西应县净土寺大殿藻井(刘敦桢《中国古代建筑史》第 259 页)

辽宁辽阳汉墓壁画
（刘敦桢《中国古代建筑史》第53页）

山东安丘汉画像石
（《山东汉画像石选集》图540）

晋顾恺之《女史箴图》
（刘敦桢《中国古代建筑史》第89页）

五代王齐翰《勘书图》
（阮长江《中国历代家具图录大全》第73页）

五代顾闳中《韩熙载夜宴图》
（阮长江《中国历代家具图录大全》第72页）

图 8-7　古代的屏风

空间的作用。一般用作室内正厅与侧房之间的分隔，每樘碧纱橱按四、六、八、十二扇装在两柱间，中间的两扇可以开启，外安帘架，以挂帘子。碧纱橱的做法与外檐隔扇相似，但尺寸略小，做法也精致些。隔心部分以木棂拼成，以灯笼锦（灯笼框）最为常见。隔心上糊纱绢或各种字画。必要时，碧纱橱可以拆卸，这样，两个房间便可以合而为一。碧纱橱的中槛与上槛之间安横披窗，上槛以上若再有空间，则悬挂匾额或裱糊大幅字画。

与碧纱橱相似，江南分隔室内的木装修称"纱隔""纱窗"。纱隔的做法与落地长窗相似，但在隔心上钉青纱或木板，也可镶嵌彩色玻璃。江南园林鸳鸯厅中，往往在明间脊柱间设纱隔，而在左右次间脊柱间施挂落飞罩。

5. 博古架

博古架也称为"多宝格",是陈设古玩的多层庋架。博古架内划分成拐子纹式的小空格,其下为橱柜,上面常做顶龛或朝天栏杆。宫廷、宅第中往往将整间做成博古架,两面既可以欣赏藏品,又起到隔断的作用。也可在博古架中间或一侧设门,使两个房间连通。

6. 罩

罩是分隔室内空间的透空隔断物,虽隔犹通,可以增加空间层次和装饰效果。《营造法式》中尚无罩的记载,但明清时已成为室内装修常用的一种类型(见图8-8)。

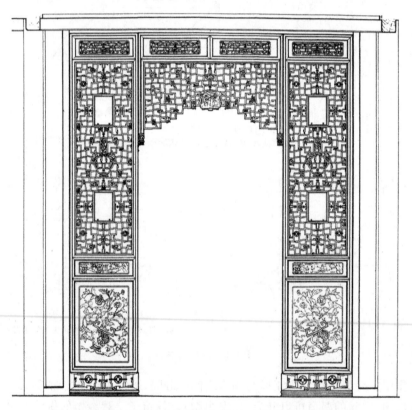

图8-8 苏州留园五峰仙馆挂落飞罩(刘敦桢《苏州古典园林》)

罩的形式大致有飞罩与落地罩两大类。飞罩和挂落相似,但两端罩下如拱门。落地罩两端落地,中间的空洞做成方、圆、八角等形状。江南园林之中,有许多罩的佳例。江南的罩构造也大致和挂落相似。有的罩以整块或数块质地优良的木料雕琢而成,题材多为松、竹、梅、芭蕉、蔓枝花卉等,十分考究。

北方建筑装修中的飞罩又称"几腿罩",在抱框(腿子)上端横置上槛与挂空槛组成横披式框架。落地罩的形式以栏杆罩最为常见。还有一种安装在床榻外的花罩,称"床罩"或"炕罩",内侧可挂软帘,其上还可加上毗卢帽一类的顶盖。

7. 挂落

安装在檐柱间、额枋之下的棂条花格,南方称"挂落"。挂落用木条相搭而成,三边做框,边框用榫头固定于柱上,可以整片拆卸。江南园林、住宅中的挂落图案简洁,以"万"字形居多,也有作藤茎、冰裂纹的。挂落丰富了屋檐下的装饰,使檐下空间玲珑剔透。

北方住宅、园林中则檐枋间安装楣子(见图 8-9)。安装枋下的称"倒挂楣子"。倒挂楣子四边做出边框。与柱子的交角处用花牙子装饰,花牙子通常做成透雕。安装在柱脚处的称"坐凳楣子",也叫"座栏",可供坐下休息。北方楣子的棂条花格样式很多,常见的有步步锦、灯笼框、冰裂纹等。

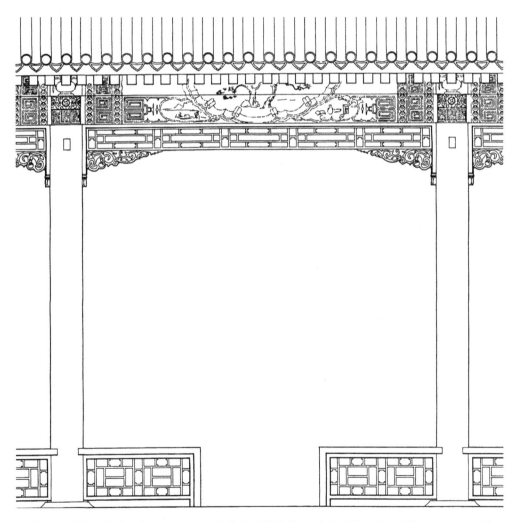

图 8-9 颐和园鱼藻轩楣子(《颐和园》清华大学建筑学院,中国建筑工业出版社,2000 年 8 月)

8.2　古建筑的室外环境设计

8.2.1　室外环境概述

　　室外环境包括自然环境与人工环境。自然环境包括建筑所处的自然形成的绿地、山体、水域、气候等要素,人工环境是人为建造的广场、道路、庭院、围墙、小品、绿化等实体与空间。室外环境设计,关系到建筑与周围环境的联系、过渡与协调,对建筑起着衬托作用,并丰富建筑的表现力与感染力。宫殿的雄伟壮丽,陵寝的肃穆宁静,寺观的清净神圣,除了建筑的本身作用外,也是建筑与外部环境巧妙结合的结果。

　　古代建筑十分重视外部环境设计。城市选址重视山水的利用。南宋的临安、明初的南京都是成功利用山水环境的例子。城市选址时,强化自然景观作为中轴线上的对景。例如,秦咸阳、南朝建康、隋唐洛阳都以山峰作为天然门阙。古代建筑中的群体组合常常通过庭院空间来组织。古代陵寝选址于山野,十分重视环境设计。明清帝王陵寝往往由帝王、王公大臣与风水师选择。对照龙、砂、穴、水、近案、远朝诸项,选址于山峦环卫、宾主分明、水脉明秀、树木葱郁的藏风聚气之所,人工建筑与自然环境浑然一体,取得了神圣、崇高、庄严、永恒的艺术效果。

　　中国古代艺术的审美方式崇尚含蓄、渐入佳境。古代建筑的群体布局通过序列组织,宫殿、祠庙在轴线上以大小不同的庭院来组织空间,采用起、转、承、合等手法,形成主次分明的空间层次;陵墓等建筑的空间序列虽不如宫殿等起伏多变,但善于利用自然景观要素,形成序曲、主题、变奏、高潮、尾曲;园林建筑则以观赏流线来组织,庭院空间更加灵活自由,形成步移景异的观赏效果。

8.2.2　建筑选址与环境设计

　　古代建筑在规划选址时重视对山水、树木等自然景观要素的利用。

　　在自然山水环境中的建筑,要善于利用山崖、水面、树木等自然要素,形成人工与自然交融的景观。《园冶》"相地"一节说山林地:"有高有凹,有曲有深,有峻而悬,有平而坦,自成天然之趣,不烦人事之工。入奥疏源,就低凿水,搜土开其穴麓,培山接以房廊。……绝涧安其梁,飞岩假其栈。"古代建筑中的这类例子很多,湖北武当山南岩宫、山西浑源悬空寺利用山崖,四川忠县石宝寨、甘肃敦煌石窟九层楼利用山崖、山顶,江苏镇江金山江天寺利用金山岛等。山地民居、寺庙建筑利用山体,结合地形,常分层筑台,形成多变的室外空间。北京颐和园佛香阁、河北承德外八庙等皇家建筑群,往往砌筑高台;民间建筑则利用吊脚、错层等手法。

　　人工建筑在自然环境中不宜过分强调,若有建筑与山体相关,则往往选择在山脚或半山腰,一般不会选择山顶。

　　古代风水除善于顺乎自然、利用自然外,还用培龙补砂、疏水种植等人工手法补阙形势。《葬书》说："趋全避阙,增高益下,微妙在智,触类而长","乘其所会,审其所废,择其所向,避其所害"。即因地制宜,因势利导,以人工弥补自然的不足。

水是生命之源,古人将水比作智者。风水中认为水能藏风聚气,在选址中讲究来水、去水,村落理景中经常营建水口园林。私家园林中的理水是艺术地再现江湖、溪涧、港汉、水湾、泉瀑等自然原型,开阔、清澈的水面与幽深的庭院及小景区形成疏朗、封闭的对比。南方住宅中的四水归堂,将雨水汇于天井明堂中,视水为财富的象征。寺庙中也设置放生池,营造佛国世界的特有气氛。文庙中则有泮池、泮水,以应古代辟雍的礼制。古代对水的处理以静为主,园林中的瀑布、喷泉等只是偶而为之。陵墓之中也要求水体曲折盘旋,忌讳冲泻激湍,以免破坏陵寝的肃穆气氛。

庭院是附属于建筑物的外部空间。古代宫殿、祠庙等主要殿庭,布局规整、尺度庞大、等级森严,仅有少数以金、石小品点缀。为缓解庄重、严肃的气氛,次要的殿庭中也适当种有一些植物,但其只起衬托作用,不对主殿有太多的遮挡。住宅主厅前的庭院,虽然也强调等级秩序与内外之别,但生活气息更为浓厚。附属于住宅、寺院的书斋、净室等小庭别院,则挖池、叠山、置石、莳花,形成不同的景观。庭院空间狭小,四周相对封闭,庭院设计应主次分明、主题突出,做到少而精。天然的山石、池水、古树等可以围入院内,将建筑融于自然之中。《园冶》所谓:"多年树木,碍筑檐垣;让一步可以立根,研数桠不妨封顶。斯谓雕栋飞楹构易,荫槐挺玉成难","倘有乔木数株,仅就中庭一二"。庭院理景可以设计成以水为主的水院,以山石为主的假山院,山水参半的山池院;也可以以花木为主景,山石作为衬扦。

花木是组成园景的重要因素。中国古建筑中的花木配植以不整形、不对称的自然式布置为基本方式,很少采用西方园艺中的花坛、花毯的对称布置,成行成列、整形修剪的方法。故多相互搭配,或与山石结合,组成具有画意的构图。室外环境中的花木,应更多地选用土生土长的地方树种,因其易存活,生长快,几年便可蔚然成林。植物配置应尊重它的自然特性。《园冶》说:"芍药宜栏,蔷薇未架;不妨凭石,最厌编屏。"花木重姿态,山石贵丘壑。古人选择花草,尤其是庭院中的花木,讲究近玩细赏,比较重视枝叶扶疏、色香清雅的花木。

花木组合时应考虑到四季有景,常绿树种与落叶树种的配合;同时考虑疏密相间、轮廓起伏,或大小乔木相配,下植灌木或竹丛;或以一种作为主题,间植其他树种。丛植时用同一树种,比较容易统一;如几种丛植,切忌大叶、小叶相间,阔叶、针叶杂处。小庭院配置适宜近距离观赏的品种,生长迅速、过于繁密的品种,如夹竹桃、绣球花、竹子等,在栽植中不应占据主要位置。枝干花果俱佳者可与湖石相配,以粉壁为背景,构成一幅国画小品。《园冶》说:"藉以粉壁为纸,以石为绘也。理者相石皴纹,仿古人笔意,植黄山松柏、古梅、美竹,收之圆窗,宛然镜游也。"小庭院还可设置花台,盆景、盆栽布置灵活,可作填补空缺之用。大的庭院及建筑的外围环境可以配置高大的乔木,并与其他树木交错配置,构成起伏的轮廓,以丰富景观层次。高大的乔木不宜靠近主体建筑,一是易遮挡视线,二是其枝叶发达,易损坏建筑。月台上也不宜过多地栽植,可以适当放置盆栽。

植物的配置还要与建筑相适应。在色彩上,北方建筑黄瓦红墙,宜多植松、柏之类,对比性强;南方灰瓦粉墙衬托,栽植枫树、银杏、樟树较为适合。深色木装修建筑前用淡色的花,粉壁前用有色之花。芭蕉遇风则碎叶,有破败之相,故宜栽于墙根;牡丹喜阳,故多植于主厅之南。柳树喜水,但其枝叶繁茂,小园中不宜多栽。小池之中,也不宜满种莲荷,否则显得拥塞不堪,楼台缺少倒影。古人常在池底铺上石板,板上凿洞数孔,或在池底置缸,缸中种莲,以限制莲藕的自由繁殖。

古代陵墓、坛庙中,经常种植大面积的常绿植物松、柏,以增加永恒、肃穆的气氛。古人还把花草作为有灵性、有品格的人来看待,民间也重视花木的寓意,例如,称梅、兰、竹、菊是"四君子",松、竹、梅是"岁寒三友",桃、李、杏、梨、奈是"五果之花",玉兰、海棠、牡丹、桂树为"玉堂富贵",石榴取其多子,荷花寓意高洁等,选择花木品种时应该尊重这种传统。

8.2.3 室外建筑小品

建筑小品是独立于主体建筑之外的小型建造物。小品是塑造建筑空间环境的一个重要组成部分,它们作为主体建筑的点缀与衬托,可以起到标志建筑的功能、性格、等级等作用。古代建筑小品的类型很多,有阙、华表、碑碣、牌楼、旗杆、影壁、门狮、香炉、花台、日晷、嘉量、铜龟、铜鹤、石翁仲、石马、石羊等(见图 8-10)。

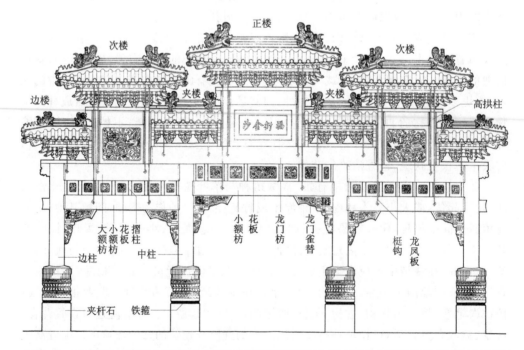

图 8-10 北京雍和宫四柱三间七楼柱不出头牌坊(马炳坚《中国古建筑木作营造技术》第 120 页)

1. 阙

阙起源于古代聚落、城市大门前的岗亭、望楼一类的防御性设施。秦汉时期,阙用于城市、住宅、坟墓之前,作为威仪与身份的象征。汉代画像石、画像砖上有许多阙的形象。四川、山东、河南等地还有汉晋时期的石阙遗存。汉代的阙有单阙、二出阙与三出阙之分。一般官僚住宅门前、墓前使用一对单阙;王侯及高级官僚使用一对二出阙,即在主阙外侧紧贴它加一个子阙;帝王则用三出阙,即三重子母阙,在主阙外侧加二重子阙。唐代的阙仍然有这三种,但仅限于皇室使用。唐宋皇宫正门及陵寝中都以阙作为大门(见图8-11)。金元以后,阙仅用于宫殿正门,形制也发生了变化。北京故宫午门是宫阙的最后形象,只在城台两侧伸出的城墩上建重檐方亭。

2. 华表

华表是一种标志性、纪念性的建筑物。汉代称"桓表",用于宫殿、陵墓等建筑之前,以为标志(见图8-12)。设于陵墓神道两侧的标志性石柱,称"墓表",也称"神道柱"。整体造型挺拔、俊秀,方圆结合合乎逻辑,远望亭亭玉立。唐宋时,陵寝神道的石柱则演变为八角形石柱,上有火珠。明十三陵、清东陵及西陵中的华表,下为须弥座,上为八角抹圆或圆形的柱身。柱身上浮雕云纹、龙纹,柱上端雕云形日月板,柱顶置圆盘、蹲兽。

古人认为华表起源于尧舜时"诽谤之木","诽谤"的原始意义是"忠谏"。诽谤木为臣子忠谏而设,有谏言则书于华表之上。后世的华表不再有书写功能,而成为一种标志物、象征物。华表柱顶设蹲兽,始于南朝的墓表。明清宫殿华表上也设置小辟邪(俗称"朝天吼"),表示对帝王象征性的监督。古代也有立在桥头或交通要冲的木制或石制立柱,如同今日之路标,雕刻华丽者则称"华表"。明代以后,华表固定为石制,且只用于皇宫与帝王陵寝之前,成为皇家的标志,不再用于别处。进行古建筑设计时应了解华表的性质,不可滥用。

3. 影壁

影壁,也称"照壁",是设在大门内外或两侧的墙壁。大门外的影壁,正对着大门,与大门一起组成门前的入口空间。宫殿、大型寺庙前往往设置琉璃影壁,如北京故宫宁寿宫内的九龙壁,北海大圆镜智宝殿前的九龙壁,都建于清乾隆年间,以五色琉璃镶嵌而成,显示出皇家建筑的气派。北京清代王府大门前的影壁有"一"字形与"八"字形两种,贴在胡同对面建筑的后墙,也可单独建造。

设在大门内的影壁,起到屏障作用,可以阻挡外人视线,避免门内空间一览无余。北京故宫内廷中大门内有琉璃、石、木制影壁多处。北方四合院大门内的影壁有独立式影壁与座山影壁两种。独立式影壁独立于厢房山墙之前,一般用青砖砌成,下为基座,上为墙身,中间的影壁心多用斧刃方砖斜摆,磨砖对缝;正中常用砖雕花饰或刻吉祥文字,顶上用砖、瓦做出屋顶。在厢房山墙上砌成而附着于山墙的,则称"座山影壁""跨山影壁",它的做法比独立式影壁简单些。

还有一种位于大门左右、两侧斜向外伸的影壁,称"雁翅影壁""八字影壁""八字

河南禹州双凤阙画像砖
(《中国美术全集：画像石画像砖》第139页)

"咸谷关东门"门阙
(美国波士顿博物馆藏汉画像石)

四川凤阙画像砖
(《中国美术全集：画像石画像砖》第181页)

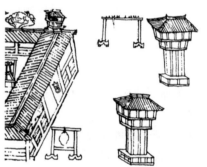

山东沂南画像石墓石刻庭院前的双阙
(《沂南古画像石墓发掘报告》图版49)

敦煌莫高窟第275窟北凉阙形龛
(萧默《敦煌建筑研究》第106页)

唐李寿墓壁画二出阙及城楼
(《中国古代建筑史(第二卷)》第430页)

图 8-11　古代的阙

墙"。雁翅影壁让大门内凹，形成门前空间，可供车、轿回转，使大门显得庄重、气派。

　　4. 碑碣

　　最早的碑是古代宫庙之中观察日影、宗庙之中拴系牛羊牺牲的竖石。汉代以后，碑专门作为纪事题记之用，多应用于陵墓、寺观、祠堂、书院等建筑类型中。古代石碑上留下了许多名家的真迹，重要的石碑常建碑亭保护。树碑用以歌功颂德的习俗始

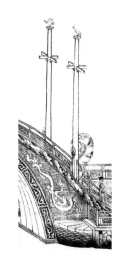

图 8-12 古代的华表

于秦而盛于汉。秦在泰山上立有无字碑,碑的形体很简单。汉代碑首形状,有圭首与圆首两种。圆首者,沿外缘雕成圆线纠结,称为"晕"。后世碑首盘龙,即由此演变而来。东汉熹平六年的费凤碑,于晕之两端,琢龙首下垂,是碑首用龙较早的例子,但晕身仍如常状。大约自南北朝时起,碑首正式出现盘龙之制。南朝陵墓石碑上作两龙相交如绳状,但碑首尚有"穿"的残存。唐代以来,碑首外镌盘龙,内为圭首形题额,是一般的通例。宋代典型的石碑,《营造法式》中称为"赑屃鳌坐碑"。其构成是,下为土衬,土衬心内雕鳌座板。鳌座板四周起突宝山、出没水地,板上刻龟文。鳌座板中为驼峰,上承碑身。碑首上刻盘龙六条相交,中间刻出篆额天宫。宋代以后,碑首变得高瘦,内部题额也随之变成细长形状。明代以后,碑首刻出边框,边框内的龙、云雕刻,浅而且平,失去了唐宋石碑雄健瑰丽的气势。石碑的造型一般分为三段:碑首、碑身、碑座。碑座一般呈方形,只有重要的石碑才以石龟(鳌座)作为碑座,称为"赑屃"。

除了镌刻文字的石碑外,寺庙、石窟中还有一种造像碑,其上开龛雕造佛像,流行于北朝至隋唐时期。还有一种笏首形的碣,《营造法式》谓之"笏头碣",下用方形石座,碣身比石碑较小,装饰也简单些。

5. 其他

从唐代开始,建石经幢于十字街道或通衢,为行人及信徒祈福消灾。寺庙的殿前广庭中也树立石灯、石幢、小型石塔,其上镌刻佛教经咒,作为寺庙庭院空间的重要组成部分。宫殿、寺观的殿庭中树立铜香炉,其造型由古代的铜鼎变化而来,多做成三足两耳圆形样式,炉身上有满雕刻。北京故宫太和殿、乾清宫,天坛祈年殿、皇穹宇及其他离宫,寺观中都有这类铜制香炉,置于大殿前的月台上,作为焚香之用。北京明清宫殿、苑囿中大殿之前陈列着日晷、嘉量、铜龙、铜凤、铜龟、铜鹤等小品,在重要典礼时,铜龟体内可以焚烧香料,烟气由龟口内吐出,增加了几分神秘气氛,其他小品也是固定的仪仗,表示帝王的身份与等级,象征着皇权的神圣、国家的江山永固。北方住宅大门一侧设立上马石、拴马桩。其他如宫殿、王府、衙署、寺观、住宅等大门前的石狮子,陵寝前的石人、石马等石像生及石五供,住宅、园林中的花台、石灯座、石桌、石凳,祠堂前的旗杆夹,祠庙中的香斗旗杆等,都是古建筑中常见的小品。

9 古建筑设计实例

9.1 西安青龙寺空海纪念堂

地点:陕西西安

建成时间:1983 年

设计单位、设计人:中国社会科学院考古研究所杨鸿勋

建筑结构:木结构

简介:

西安青龙寺是佛教密宗寺院,位于陕西西安东南乐游原上(见图 9-1)。该寺前身是灵感寺,建于隋开皇二年(582 年)。唐景云二年(711 年)改名"青龙寺"。北宋以后寺院废毁。1973 年考古工作者对青龙寺遗址进行发掘。根据发掘报告,遗址有两处,一为塔址,一为四号殿堂遗址。殿堂遗址殿址台基面呈长方形,为面宽五间,进深四间格局。中心减二柱部位,可能是密宗佛殿的一种特殊设置。

(a)西安青龙寺大殿

图 9-1 西安青龙寺空海纪念堂

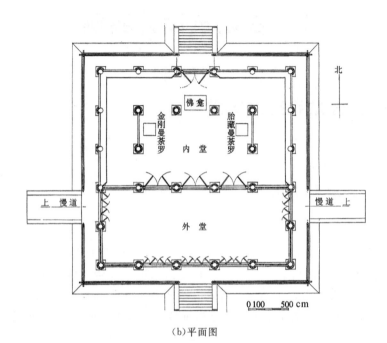

(b)平面图

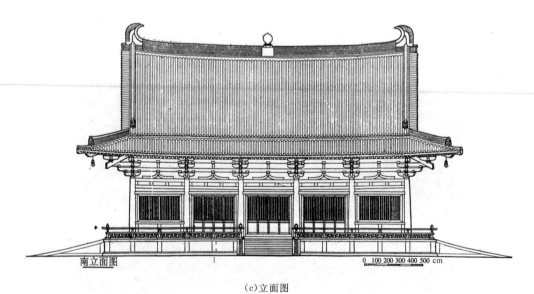

(c)立面图

续图 9-1

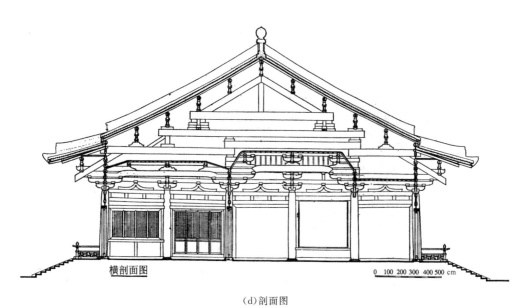

横剖面图

0 100 200 300 400 500 cm

(d)剖面图

续图 **9-1**

1982 年,在四号殿堂遗址以北 6 m 的地段,按照殿堂遗址下层的早期旧殿遗存(唐武宗毁寺之前的遗存),复原为面宽五间,进深五间的唐代风格的殿堂,作为空海纪念堂使用。青龙寺空海纪念堂按照遗址复原设计,参考了法隆寺金堂、佛光寺大殿等建筑的设计。纪念堂复原按《营造法式》一等材,斗拱用双抄单下昂六铺作,梁架分明栿、草栿两层,室内设平闇。为了节约工料、保证其坚固耐用,室内平闇以上用钢桁架。屋顶用阶梯形的早期歇山顶形式。

9.2 南京狮子山阅江楼

地点:江苏省南京市长江边上的狮子山
建成时间:2001 年
设计单位、设计人:东南大学杜顺宝
建筑结构:钢筋混凝土结构
简介:
阅江楼位于江苏省南京市长江边上的狮子山,是一座仿明代官式建筑风格的楼阁建筑(见图 9-2)。
明太祖朱元璋称帝后,下诏在狮子山顶建造阅江楼,并亲自撰写《阅江楼记》,还令在朝的文臣职事们各写一篇《阅江楼记》,后终因"畏天意而罢其工"。大学士宋濂写的《阅江楼记》,后入选《古文观止》,流传后世。2001 年,阅江楼建成,结束了"有记无楼"的历史。重建的阅江楼,仿照明官式建筑。楼的平面呈"L"形,以适应长江拐弯处狮子山的东西长而南北短的山势,并形成主楼与副楼,以分散体量。同时,楼阁

(a)阅江楼

(b)近景

图 9-2 南京狮子山阅江楼

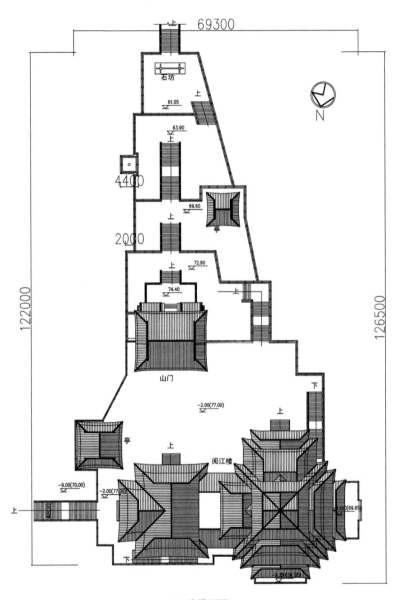

(c)总平面图

续图 9-2

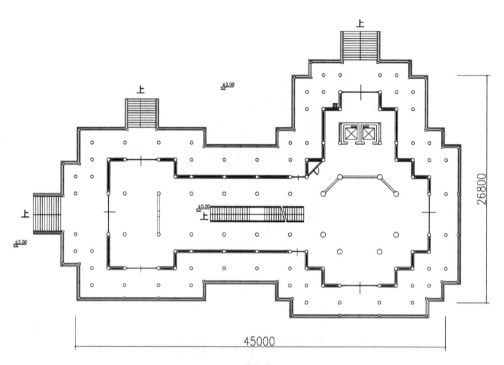

(d)平面图

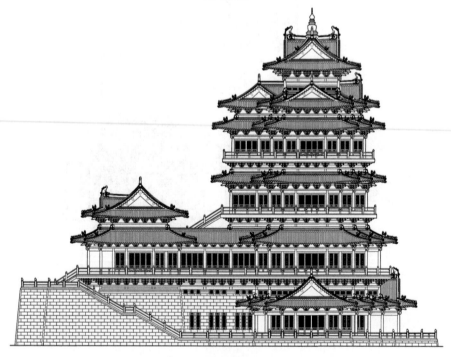

(e)北立面

续图 9-2

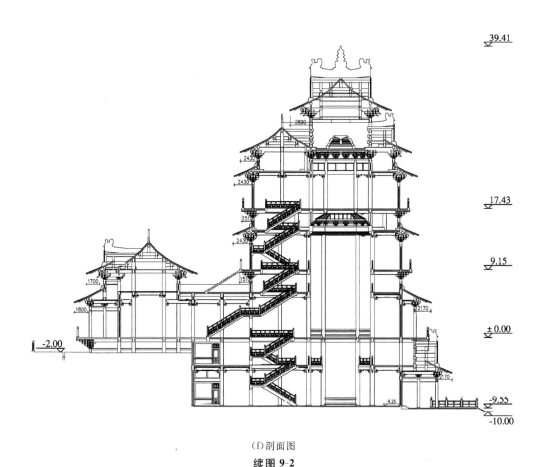

39.41

17.43

9.15

±0.00

-2.00

-9.55

-10.00

（f）剖面图

续图 9-2

的两翼均可欣赏长江风光，丰富了楼阁的造型。阅江楼的屋顶为十字脊，两翼出厦跌落的屋顶，形成了错落有致的形体。楼高 52 m，外观 4 层，内设 3 个暗层。屋顶用黄琉璃瓦，带绿色剪边。楼阁的整体比例、梁架、斗拱、彩画等，都力求体现明代皇家园林建筑的特点。

9.3　常州天宁寺塔

地点：江苏省常州市延陵东路天宁禅寺内

设计时间：2001—2002 年

建成时间：2007 年 4 月

设计单位、设计人：同济大学路秉杰

建筑结构：钢结构

简介：

江苏常州天宁寺始建于唐永徽年间（650—655 年），经历代修建、扩建，发展成现有规模(见图 9-3)。有山门、天王殿、大雄宝殿、文殊殿、观音殿、藏经楼、三宝殿等，号称"八殿、二十五堂、二十四楼、三室、两阁"，共计 497 间房舍，占地约 8.6 hm²。为了弘扬天宁寺源远流长的佛教文化，当地政府决定在寺院后部新建大型佛塔。塔高 13 层，地下 1 层，高达 153.79 m，总建筑面积达 27 000 m²，基底面积 6 814 m²。建筑式样采用传统的楼阁式，从下向上呈弧线形收分。各层有腰檐平座挑出，造型别致。建筑结构形式采用重钢多层框架结构，中心筒有电梯直达顶层，门、窗、栏杆等采用楠木装修，高贵典雅。

(a)天宁寺

图 9-3 常州天宁寺塔

(b)全景

续图 9-3

(c)近景

续图 9-3

(d)局部

续图 9-3

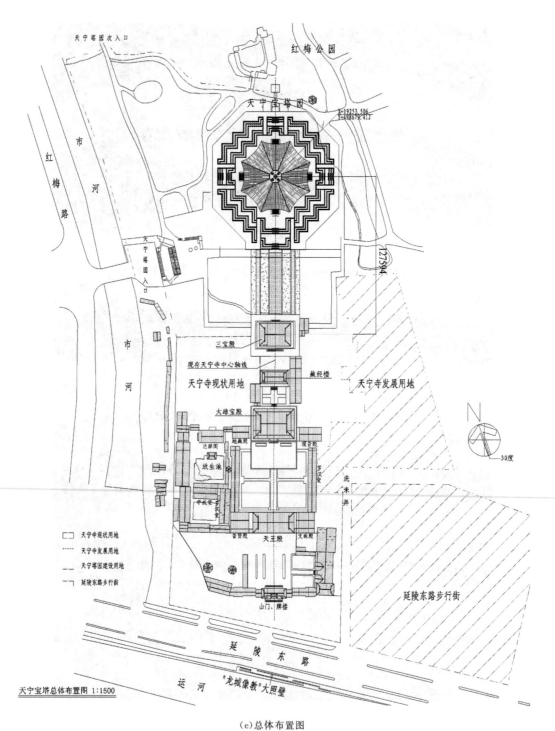

天宁宝塔总体布置图 1:1500

(e)总体布置图

续图 9-3

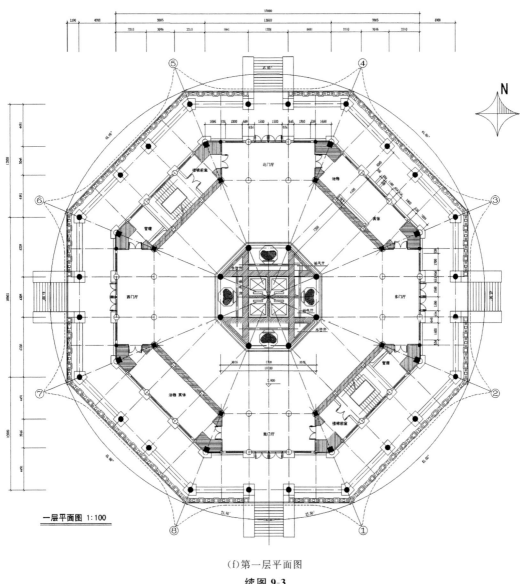

一层平面图 1:100

(f)第一层平面图

续图 9-3

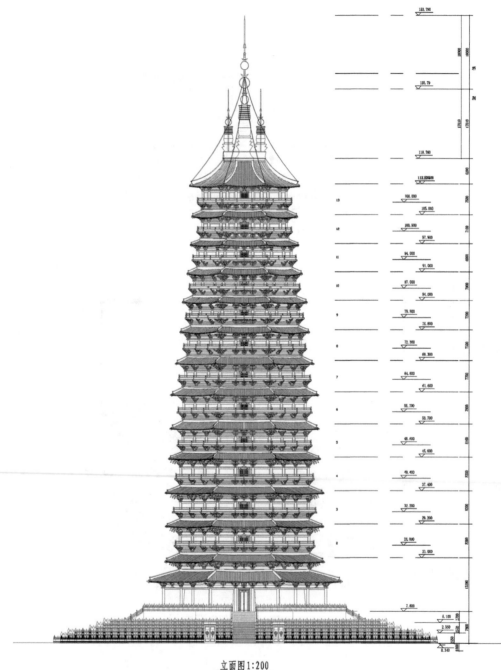

立面图1:200

（g）立面图

续图 9-3

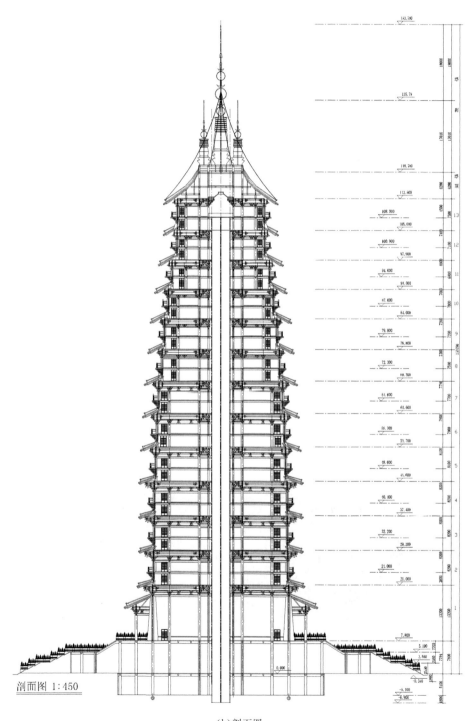

剖面图 1∶450

(h)剖面图

续图 9-3

9.4　花都华严寺大雄宝殿

地点：广州市花都芙蓉嶂

设计时间：2003 年

竣工时间：2005 年

设计单位、设计人：华南理工大学程建军

建筑结构：石柱木构架

简介：

华严寺坐落在广州市花都著名风景区芙蓉嶂,原名观音寺,历史上信众云集,香火鼎盛,几经兴废(见图 9-4)。

现在重建的华严寺是一组大型佛教建筑群,主体建筑大雄宝殿面宽 7 间 29.87 m,进深 6 间 24.86 m,建筑面积 745 m²,大殿总高 21.5 m。外观为重檐歇山顶,面覆灰色亚光琉璃瓦。大殿共用 52 根石柱,梁架等木构件用印尼进口格木(红木的一种)制作。下檐使用双抄双下昂七铺作斗拱,上檐使用单抄双下昂斗拱,斗拱雄大,承托着长达 4 m 的出檐,气势雄浑。全殿不施彩画,仅用清漆涂饰保护木构件表面,彰显天然木纹,古朴自然。

殿内主梁跨度 9 m,自地面至天花藻井高 11 m,内部空间开敞连贯,殿中供奉释迦牟尼、大智文殊菩萨和大行普贤菩萨华严三圣,妙相庄严。

(a)正面

图 9-4　花都华严寺大雄宝殿

（b）角部

续图 9-4

(c)檐下斗拱

续图 9-4

(d)建造施工

续图 9-4

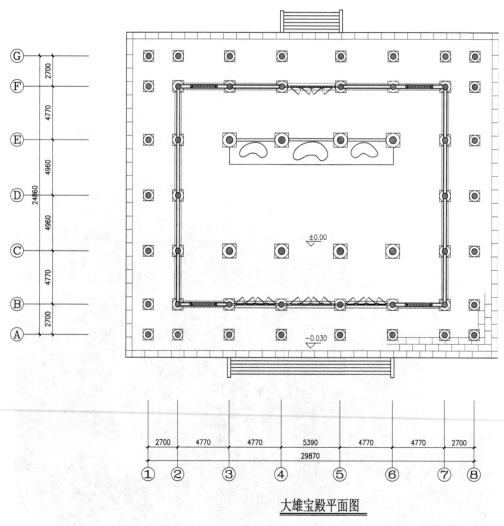

大雄宝殿平面图

(e)平面图

续图 9-4

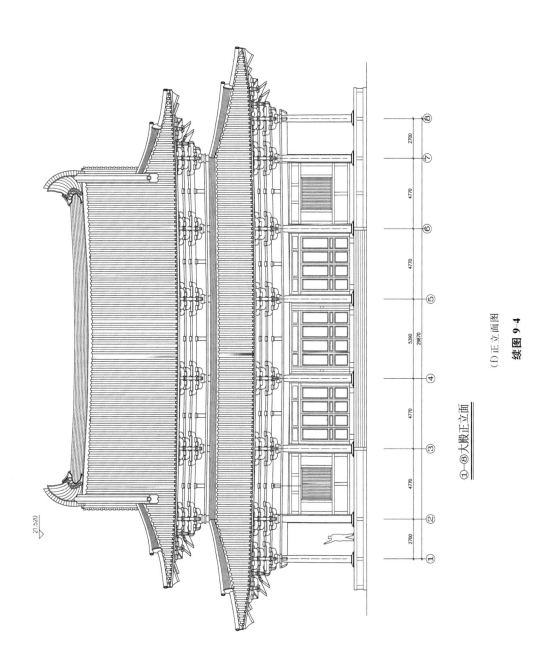

$\underline{①—⑧大殿正立面}$

(f)正立面图

续图 9-4

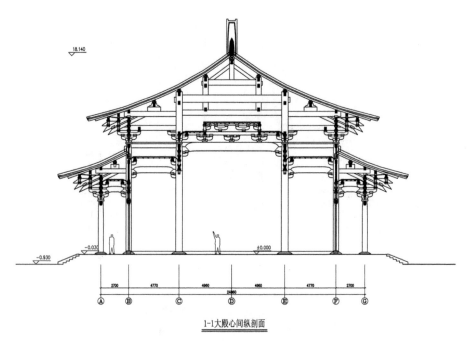

1-1大殿心间纵剖面

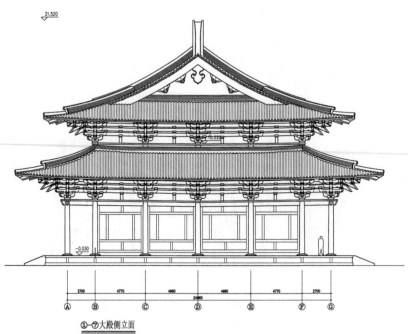

①-⑦大殿侧立面

(g)剖面、侧立面图

续图 9-4

9.5　长沙岳麓书院屈子祠

地点:湖南长沙岳麓书院内

设计时间:2003—2004 年

建成时间:2006 年

设计单位、设计人:湖南大学柳肃

建筑结构:钢筋混凝土结构、部分木结构

简介:

岳麓书院是中国古代四大书院之一,也是目前国内保存最完整、规模最大的古代书院(见图 9-5)。部分建筑毁于抗战时期,20 世纪 80 年代开始陆续修复。此建筑 2003 年开始设计,2006 年建成。其按照古代文人园林建筑的艺术风格,结合特殊的地形关系规划设计。主体建筑采用钢筋混凝土仿木结构,廊、亭等附属建筑采用木结构。此建筑由于地形条件的限制,打破了传统的中轴线纵深发展的布局方式,大小三个庭院呈"品"字形布局,使内部空间富于变化,产生了特殊的空间趣味。该设计利用特殊的地形组织主体建筑和亭、廊之间的关系,弯曲上下,灵活布局,取得了很好的空间效果。

(a)主体建筑

图 9-5　长沙岳麓书院屈子祠

(b)内部大小庭院

(c)环境关系

续图 9-5

(d) 后部爬山廊

续图 **9-5**

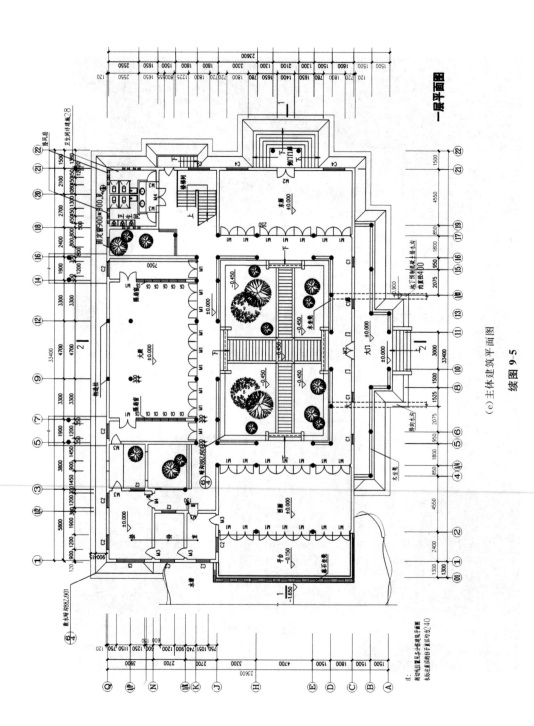

一层平面图

(e) 主体建筑平面图

续图 9-5

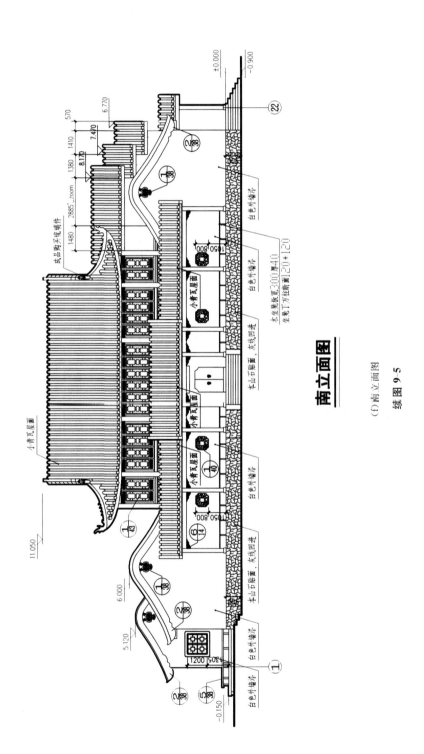

南立面图

(f)南立面图

续图 9-5

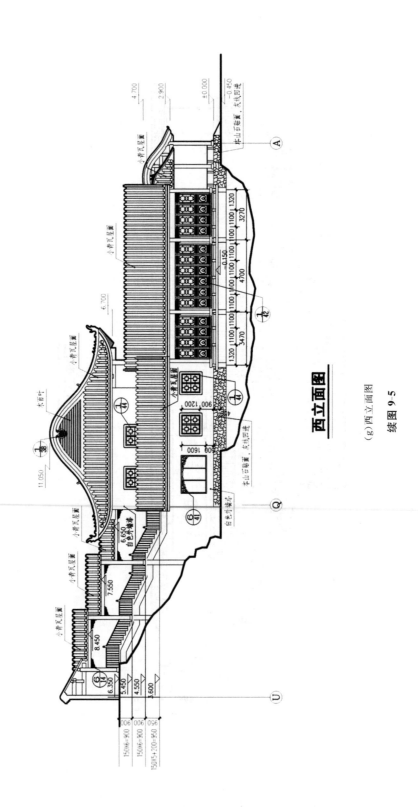

西立面图

(g) 西立面图

续图 9-5

9.6　日本市来串木野日中文化交流园水映亭

地点:日本市来串木野市花川日中文化交流园
设计时间:2003 年
建成时间:2004 年
设计单位、设计人:湖南大学柳肃
建筑结构:木结构
简介:

2 000 年前,秦始皇派方士徐福带领 3 000 童男童女去东海神山寻找长生不老的仙药,徐福一去不返,相传到了今天的日本。日本西海岸小城市市来串木野花川地区有徐福登陆的历史传说和相应的历史遗迹。当地政府认为这是中国文化第一次大规模传入日本,值得纪念,因此决定在此建造日中文化交流园,并采用纯中国式园林建筑。该园 2003 年设计,2004 年全部建成(见图 9-6)。其中,水映亭为重檐八角攒尖顶,全木结构,江南园林建筑风格。主体构架采用伞架式结构。此建筑各部比例适度,造型优美。

(a)市来串木野日中文化交流园

图 9-6　市来串木野日中文化交流园水映亭

(b)建成后的水映亭

续图 9-6

(c)顶装现场

续图 9-6

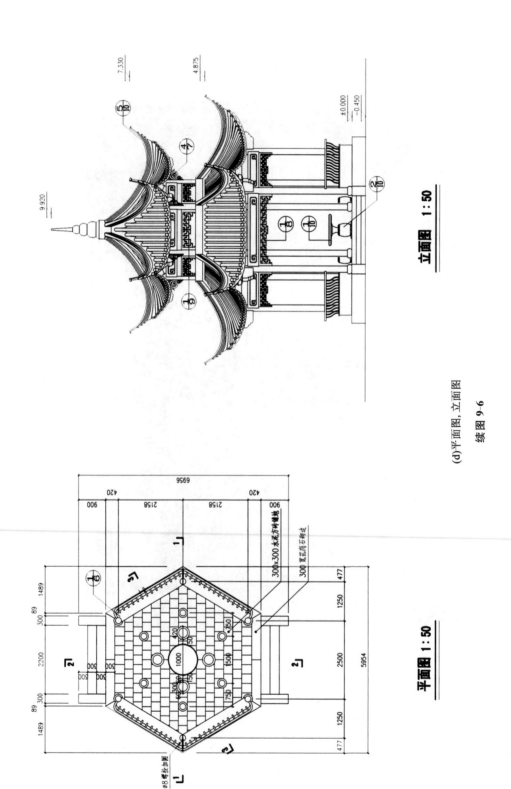

立面图 1:50

平面图 1:50

(d)平面图,立面图

续图 9-6

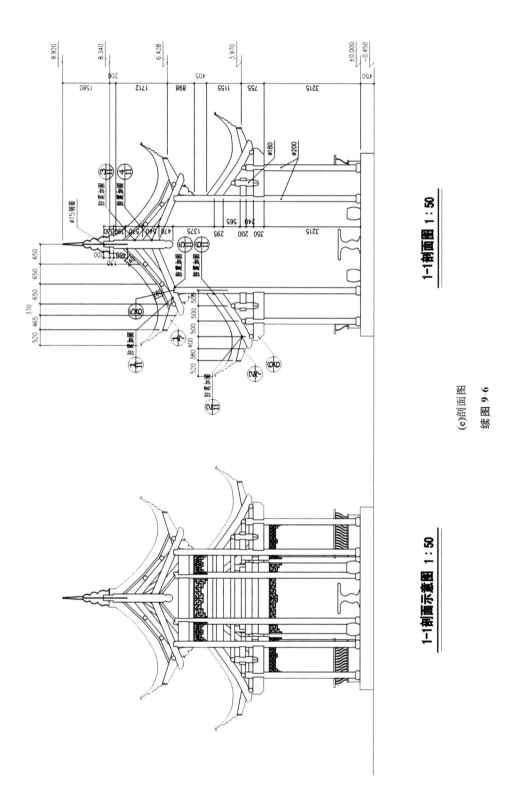

(e)剖面图

续图 9-6

9.7　古灵泉寺山门

地点：湖北省鄂州市西山

设计时间：2006 年

建成时间：2007 年 10 月

设计单位、设计人：华中科技大学李晓峰、张乾

建筑结构：钢筋混凝土结构

简介：

古灵泉寺位于湖北省鄂州市西山风景区，始创于东晋太元年间（376—395 年），是佛教净土宗的重要丛林（见图9-7）。古灵泉寺几经兴废，于 2006 年再次扩建，扩建规划用地 36 218 m²，扩建部分的建筑面积为 14 120 m²，寺庙建筑风格以唐代为主。规划寺庙园区由宗教活动区、寺庙生活区、极乐园区、配套设施等组成。

山门、大雄宝殿等建筑为宗教活动区重点建筑，其中山门为寺庙的主要入口。建筑式样采用仿唐风格，原设计屋顶出檐深远，采用黑色亚光琉璃瓦，以求得气氛庄严的效果。因在施工过程中有所改变，出檐缩短，影响了整体效果。

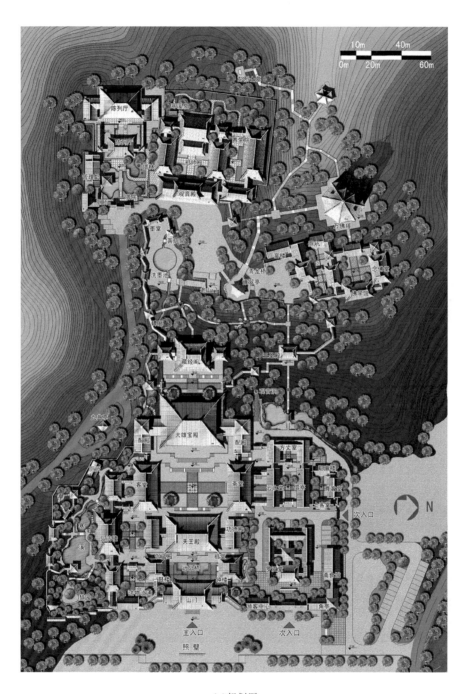

（a）规划图

图 9-7　古灵泉寺

(b)鸟瞰效果图

(c)山门效果图

续图 9-7

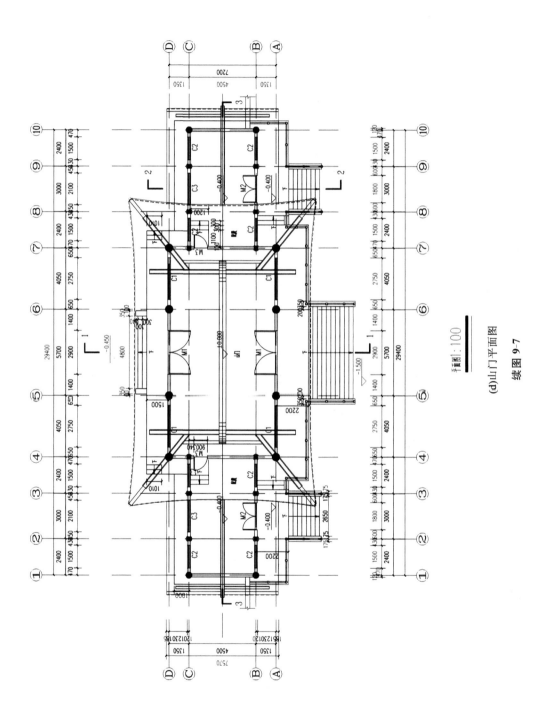

平面图 1:100

(d)山门平面图

续图 9-7

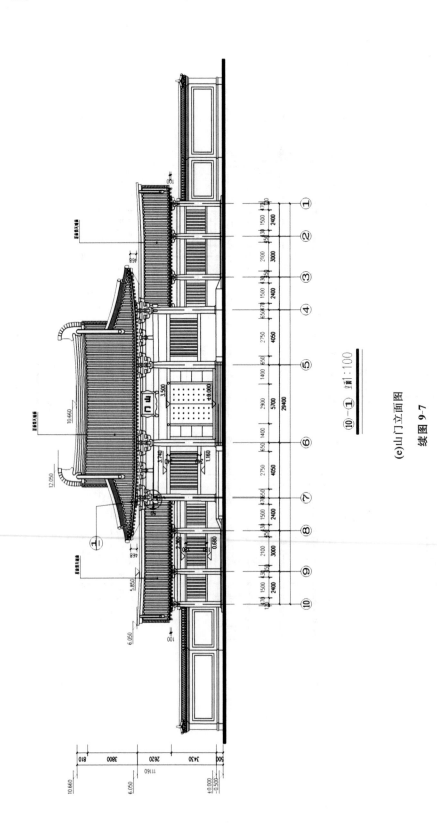

(e)山门立面图

续图 9-7

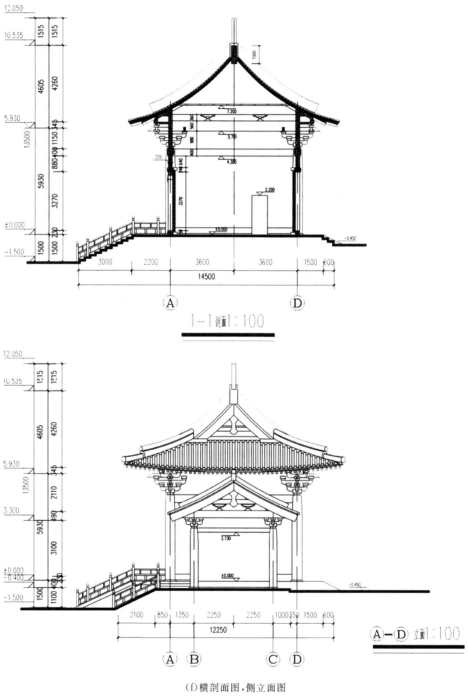

1—1剖面1:100

Ⓐ—Ⓓ立面1:100

(f)横剖面图，侧立面图

续图 9-7

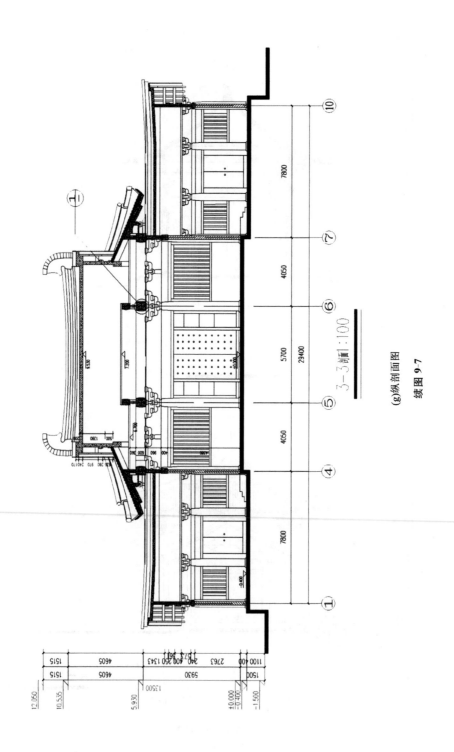

(g)纵剖面图

续图 9-7

参 考 文 献

[1] 刘敦桢.中国古代建筑史[M].2 版.北京:中国建筑工业出版社,1984.

[2] 刘致平.中国建筑类型及结构[M].北京:中国建筑工业出版社,1987.

[3] 罗哲文.中国古代建筑[M].上海:上海古籍出版社,1990.

[4] 潘谷西.中国建筑史[M].北京:中国建筑工业出版社,2005.

[5] 张驭寰.中国古代建筑技术史[M].北京:科学出版社,1985.

[6] 潘谷西,何建中.《营造法式》解读[M].南京:东南大学出版社,2005.

[7] 刘敦桢.苏州古典园林[M].北京:中国建筑工业出版社,1979.

[8] 姚承祖.营造法原[M].北京:中国建筑工业出版社,1986.

[9] 刘大可.中国古建筑瓦石营法[M].北京:中国建筑工业出版社,1993.

[10] 马炳坚.中国古建筑木作营造技术[M].北京:科学出版社,1991.

[11] 王璞子.工程做法注释[M].北京:中国建筑工业出版社,1995.

[12] 梁思成.梁思成全集:第 6 卷[M].北京:中国建筑工业出版社,2001.

[13] 梁思成.《营造法式》注释(上卷)[M].北京:中国建筑工业出版社,1983.

[14] 李允鉌.华夏意匠[M].北京:中国建筑工业出版社,1984.

[15] 冯钟平.中国园林建筑[M].北京:清华大学出版社,2000.

[16] 楼庆西.中国古建筑二十讲[M].北京:生活·读书·新知三联书店,2004.

[17] 侯幼彬.中国建筑美学[M].哈尔滨:黑龙江科学技术出版社,1997.

[18] 潘谷西.江南理景艺术[M].南京:东南大学出版社,2001.

[19] 白佐民,邵俊仪.中国美术全集:建筑艺术编 6·坛庙建筑[M].北京:中国建筑工业出版社,1995.

[20] 张良皋.武陵土家[M].北京:生活·读书·新知三联书店,2001.

[21] 路易吉·戈左拉.凤凰之家——中国建筑文化的城市与住宅[M].刘临安,译.北京:中国建筑工业出版社,2003.

[22] 叶毅,吴钦照.建筑大辞典[M].北京:地震出版社,1992.

[23] 北京文物研究所.中国古代建筑辞典[M].北京:中国书店,1992.

[24] 柳肃.礼制与建筑[M].台北:锦绣出版社,2002.

[25] 柳肃.天坛[M].台北:锦绣出版社,2002.

[26] 柳肃.文庙建筑[M].台北:锦绣出版社,2002.

[27] 杨慎初.湖南传统建筑[M].长沙:湖南教育出版社,1993.

[28] 巫纪光,柳肃.中国建筑艺术全集 11:会馆建筑·祠堂建筑[M].北京:中国建筑工业出版社,2003.

[29] 上海市房屋土地管理局.民用建筑修缮工程查勘与设计规程(JGJ 117—2009)[S].北京:中国建筑工业出版社,1999.

[30] 中国建筑科学研究院.建筑抗震加固技术规程(JGJ 116—2009)[S].北京:中国建筑工业出版社,1999.

[31] 杨华玉.精品仿古建筑——黄鹤楼工程施工[M].北京:中国水利水电出版社,2006.

[32] 北京土木建筑学会.中国古建筑修缮与施工技术[M].北京:中国计划出版社,2006.

[33] 刘福智,佟裕哲,等.风景园林建筑设计指导[M].北京:机械工业出版社,2006.

[34] 罗才松,黄亦辉.古建筑木结构的加固维修方法述评[J].福建建筑,2005(z1):214-216,219.

[35] 谢永良.钢筋混凝土仿古建筑结构施工技术[J].建筑施工,2005,27(10):57-59.

[36] 吴志雄.某木结构古民居的加固[J].福建建设科技,2006(5):18-19.

[37] 赵静,王鲲,牟晓成.CFRP材料加固木梁试验研究[J].山西建筑,2006,32(23):86-87.

[38] 奚三彩,王勉,龚德才,等.化学材料在南通天宁寺古建筑维修中的应用[J].东南文化,1999(5):124-126.

[39] 北京市建筑设计研究院建筑创作杂志社.北京中轴线建筑实测图典[M].北京:机械工业出版社,2005.

[40] 萧默.敦煌建筑研究[M].北京:文物出版社,1989.

[41] 中国建筑技术发展中心建筑历史研究所.浙江民居[M].北京:中国建筑工业出版社,1984.